はじめに

鉄川与助の名を初めて聞いたのは、一九九七年一月に平戸島を訪れたときである。平戸オランダ商館に関するシンポジウムがあり、当時横浜に住んでいた私は、シンポジウム開始に合わせて、恩師らと長崎空港からバスを乗り継いで平戸に到着した。

翌日、朝食前にひとりで城下町を散策した。平戸の冬は、横浜よりも日の出が遅い。瓦屋根の町並みが朝日を浴びて徐々に明るくなり、寺院と教会の見える景色の案内板に誘われて平戸カトリック教会堂の高台に立つころ、港の全容が見えてきた。御城がある、オランダ商館がある、港がある、町並みがある、そして教会堂がある。なんと穏やかで美しい景色なんだろうかと、しばし眺めた。このときの印象が、私をその後、平戸の町並み調査に結びつけた。

朝食後、市の文化財担当者が、平戸に来たのならば教会堂を見ていきませんかと案内してくれた。島の中部にある、宝亀《ほうき》教会堂、紐差《ひもさし》教会堂、山野教会堂をたずねた。教会堂は横浜にもある。山手のカトリック教会堂とユニオン教会堂は、クリスマス時期に洋館のイルミネーションをめぐる際にたずねた。だが、平戸の教会堂は、同じ教会堂でも靴を脱いで入るところからして違う。建物も、横浜のように洋館が建ち並ぶ中にあるのではなく、平戸の民家や田畑のなかに現れる。このとき、鉄川与助の名とともに、平戸の教会堂の姿が深く記憶された。

二〇〇一年から平戸市教育委員会に勤務し、翌年度の冬、長崎県教育庁から、宝亀教会堂を県有形文化財にしたいから書類を整えてほしいとの連絡があった。説明を加えるために、信者で大工の方と一緒に屋根裏に登った。この大工さんとは、その後、寺院と教会の景色を構成する光明寺経堂の修理工事で再会した。教会堂と経堂で勝手が違わないのだろうかとたずねると、ご本人はどちらもやることは一緒とのことだった。

私が平戸に勤務した五年間は、文化や歴史を地域の財産として見直す機運が全国的に高まった時期だった。背景には、急速な人口減少と高齢化がある。社会は成熟の時期を迎えていた。二〇〇八年から私が参画した上五島の文化的景観調査も、地域が活力を失いつつあるなか、景観を通して歴史と文化に光を当てようとするもので、同じ流れにあった。

鉄川与助の大工道具については、この時点で、『新魚目町郷土誌』（一九八六年）や『図説長崎県の歴史』（河出書房新社、一九九六）に存在だけは記されていた。道具は、こちらの理解が深まらないと語りださない。当初は手探りで、道具も私もだんまりが続いた。徐々に通じ合うと、いつごろ使われた道具か、与助は道具をどんな風に扱っていたのか、教会堂のどの箇所にどんな道具を使ったのかが明らかになってきた。鉋《かんな》のひとつにフランス製の刻印があったのは驚きだった。興味は尽きることなく、フランスの製造会社や産地を追いかけた。さらには、鉋の復原や与助の手掛けた建物の総覧を試みた。

大工道具を通じて、与助の時代の社会や歴史が見えてきた。鉄川与助の新たな一面を、ぜひご覧いただきたい。

鉄川与助について

鉄川与助は一八七九年（明治十二）上五島の魚目村丸尾郷で大工棟梁鉄川與四郎の長男として誕生。榎津尋常高等小学校卒業（一八九四年〈明治二十七〉）後、野原与吉棟梁に弟子入りした。

◆一九〇二年（明治三十五）ペルー神父の指導のもと野原棟梁が施工した旧曽根教会堂（長崎県新上五島町）建築において副棟梁として参加し、初の教会堂建築を経験する。その後、世界文化遺産「長崎と天草地方の潜伏キリシタン関連遺産」に含まれる旧野首教会堂（長崎県小値賀町、一九〇八年〈明治四十一〉）、江上天主堂（五島市、一九一八年〈大正七〉）、頭ヶ島天主堂（新上五島町、一九一九年〈大正八〉）などを初めとして、九州全域にわたって数多くの教会や洋風建築物を施工した。

◆一九〇六年（明治三十九）家督相続し、鉄川組を設立（～一九四四）。その後、鉄川組を第一土建株式会社に統合（一九四四〈昭和一九〉～一九四五〈昭和二十〉）、第一土建株式会社から独立して鉄川工務店設立（一九四九〈昭和二十四〉～一九五八〈昭和三十三〉）、株式会社鉄川工務店（長崎市松山町）に社名変更（一九五八〈昭和三十三〉）と事業拡大。

◆一九〇八年（明治三十九）日本建築学会入会（准会員）。一九六六年（昭和四十一）には九州でただ一人の日本建築学会終身会員に選出される。

◆明治、大正、昭和の長きにわたり、西洋建築の九州各地への普及に大きな功績をあげたことが認められ、一九五九年（昭和三十四）建設大臣表彰。黄綬褒章受賞。一九六七年（昭和四十二）勲五等瑞宝章受賞。

一九七六年（昭和五十一）七月五日横浜にて逝去。九十七歳だった。

＊詳細な履歴及び建築経歴については、巻末の「鉄川与助関連年表」を参照のこと。

鉄川与助の若い頃の写真（鉄川進氏所蔵）

目次

鉄川与助の大工道具

長崎の教会堂に刻まれた知恵と工夫

山田由香里

第一章

鉄川与助の大工道具との出会い

眠っていた大工道具

鉄川与助の大工道具との出会いは、二〇〇八年（平成二十）九月にさかのぼる。新上五島町の文化的景観調査が同年六月からはじまり、学生と一緒に本格的な調査を現地で初めて実施した折に見せてもらった（図1－①）。

【1－①】鉄川与助の大工道具、調査前の状況（新上五島町鯨賓館ミュージアム所蔵）

当時、調査窓口は新上五島町世界遺産推進室の大山かおり氏が担当していた。同町の鯨賓館《げいひんかん》ミュージアムの学芸員だった彼女から、移動の車内で、「ミュージアムに鉄川与助さんの大工道具があるのですが、建築史の方なら興味ありませんか？」といわれたのがきっかけだった。

大工道具調査の魅力

長崎出島復原と日本大工道具

私はそれまで、大工道具と深くつきあう機会が二回あった。最初は大学院のころで、オランダ・ライデン国立民族学博物館（以下ライデン博と略）所蔵の日本大工道具にかんする調査であった。この大工道具は、長崎出島のオランダ商館に勤務した商館長ブロムホフ、商館員フィッセルやシーボルトにより一八一七年（文化十四）から一八二九年（文政十二）のあいだに日本で収集され、オランダに運ばれて伝えられたものであった。

調査は、出島復原（図1－②）の資料調査のためにライデン博を訪れた西和夫教授（神奈川大学）が同館学芸員のマティ・フォラー博士から、「博物館に日本の大工道具があるのですが、調査されませんか」と提案のあったことがきっかけだった。西先生はとっさのことにその場で返答ができなかったそうであるが、ホテルにもどって一晩考え、本来のご自身の研究が建築生産史であることを思いおこし、翌日、「調査させてほしい」とフォラー氏に正式に返答したという。帰国後、西先生は大学院講義で村松貞次郎氏の名著『大工道具の歴史』を輪読し、大工道具にかんする既往の研究に改めて目を通された。

オランダでの調査は一九九八年（平成十）に二度おこなわれ、一回目が全容調査、二回目が詳細調査であった（図1－③）。西先生を中心に、建築史や建築設計を専門とする諸氏で研究チームが組織され、私は調査をサポートするスタッフとして参加した。

ライデン博の日本コレクションは、オランダ国王ウィレムI世が東南アジア貿易発展のため、アジア各国の自然と文化

【1－②】復原された出島 2018年6月撮影

にかんする文物の収集に努めたことにはじまる。博物館の収蔵庫には、博物学的分類に従って体系的に収集されたコレクションがいまもたいせつに保管されていた。出島にかんする絵図面、絵画、模型などが含まれ、復原の重要な基礎資料であった。多くの職人の道具も含まれ、そのひとつが大工道具であった。

ブロムホフ・コレクションの大工道具十八点は、カンナ、ノコ、ノミ、キリ、ノコヤスリ、ノコノハクミ、マガリカネ、サイツチなどからなる。川原慶賀による道具画帖一点もほかにあり、道具の日本名をカタカナとローマ字で記され

【1－③】オランダ・ライデン国立民族学博物館所蔵
日本大工道具調査風景

た付箋が貼りこまれていた。たとえば、曲尺《かねじゃく》（直角に曲がった金属性のものさし）には「マカリカネ、Magarikane」とあり、濁点などの発音も知ることができた。

フィッセル・コレクションの大工道具は四十六点からなる。フィッセル直筆の目録によると、大工道具は宮で買ったとある。宮は熱田神宮（愛知県名古屋市）の門前で東海道の宿場町として知られる。江戸参府の過程で手に入れたことがあきらかになる。

シーボルト・コレクションの大工道具は七十五点からなる。大工道具自体にローマ字で名称が書かれ、Hakumi（ハクミ）、Waki Jakuri（ワキジャクリ）など、江戸時代の呼称を知ることができた。シーボルト『日本』に収録された大工道具の図のモデルになった道具もあった。当時ヨーロッパで大きな話題になったシーボルト『日本』がどうやって作成されたのか、背景をうかがい知ることもできた。

【１－④】オランダ・ライデン博所蔵日本大工道具里帰り展の様子
（2000年、出島復原建物一番蔵にて）

大工道具は「道具」で、消耗品であるため、日本国内には江戸時代にさかのぼる大工道具がほとんど残っていない。これらの大工道具は、三人の出島在任期間の一八一七年から一八二九年のあいだに時期が規定される。江戸時代にさかのぼるだけでなく、ひとつの時代を切りとって保存されたものである。たいへん貴重な道具であることがあきらかになった。

第一期出島復原建物の完成した二〇〇〇年には、長崎、神戸、横浜、佐倉で、これら大工道具の里帰り展を開催した（図１－④）。復原時代と同時期の大工道具を出島で見る。往事の技術を知ることができた。

大工道具調査と産地

オランダで実際に道具を見たこともだが、国内の道具の産地を探ろうとしたことも貴重な経験だった。シーボルト・コレクションには二点の砥石《といし》が含まれ、「アマクサイシ」「タンバテ、ギタニ」と墨で書かれていた。前者は天草、後者は丹波である。天草は、地元の役場に電話したところ、「現在も砕石をおこなっていて、現場を見ることができる」とのことであった。

現地を訪ね、天草諸島のひとつ、大矢野島で砕石をする家を紹介してもらった。「どこで掘っているのか」と聞くと、「そこで」と、目の前に止まっているショベルカーを指さす。砕石はまるで裏手の畑で野菜を取るかのようであった。研究書から描く自分のイメージと、現場のイメージの違いにとまどった。しかし、これが研究をおもしろいと思う気持ちにつながった。ずっと後になって、天草石は建築の仕上材や有田焼の材料であることを知った。

現地調査のもうひとつは、三人のコレクションの鋸《のこぎり》に刻まれた中屋久作の銘を探るものだった。

大正時代の資料に、中屋を名乗る業者は全国で七十八名いて、久作を名乗るものがひとりだけ東京にいた。江戸時代の久作は神田今川橋にあって、商館長らの江戸参府の宿である長崎屋の近くであった。よって、江戸参府の際に入手した可能性が見えてきた。また中屋を名乗る七十八名のうち、二十九名が新潟県の脇野町に集中していた。脇野は伝統的な鋸の産地として知られる。だが、現地を訪ねると状況は大きく変わっていた。目立《めたて》（一列に並ぶ鋸の刃のすきまや凹凸を鋭くすること）の必要な鋸が使い捨ての鋸に押され、急速に消えつつあった。ライデン博の大工道具からはじまった調査は、国内の伝統的大工道具の生産が風前の灯であることを伝えてくれた。

【1－⑤】高松・久保田家文書の調査風景

香川県高松の大工、久保田家の大工文書

大工道具にかんするふたつ目の経験は、香川県高松の大工、久保田家の数千点におよぶ大工文書の調査研究である。高松城の整備に携わっていた西先生が、高松市歴史資料館の藤井雄三館長（当時）から相談を受けた。文書は文字資料であるが、大工の仕事に欠かせない存在として、道具の延長に位置づけられる。

調査は二〇〇六年（平成十八）から開始され、一点ずつ文書を広げ、写真を撮り、大きさや内容のメモを取ることからはじまった（図1－⑤）。一年が経つとようすがつかめ、資料は代々富五郎を名乗った久保田家の十五代から十九代のもので、時代は江戸時代の文化・文政期から昭和三十年代のものであった。

【1－⑥】久保田家19代目が手掛けた三石光明寺本堂（岡山県備前市）

久保田家が本拠地とした香西《こうざい》は、瀬戸内海が深く入り込んだ香西浦に臨む集落である。文書から歴代の事績を整理したところ、十五代から十七代（一八〇〇年〈寛政十二〉ごろ～一八七九年〈明治十二〉）は高松近在の寺社を中心としたが、十八代（一八五〇年〈嘉永三〉～一九二四年〈大正十三〉）は十八歳のときに横浜居留地で洋風建築に触れ、洋風デザインを取りいれた寺院本堂や学校を設計施工する。十九代（一八九〇年〈明治二十三〉～一九六一年〈昭和三十六〉）になると、久保田工務所を名乗り、大工だけでなく総合建設業として組織力を強化し、近隣の寺社に加え、遠方の岡山の学校や寺院本堂、北九州の鉄道病院や工場を手がけるようになった。

文書が読みとれるにつれて調査も展開を見せ、二〇〇八年からは久保田家の手がけた建物を現地調査した。最初は香川県内を中心に廻り、翌年は北九州、和歌山、倉敷、岡山、北海道と全国に広がった。

岡山県備前市三石《みついし》町には、一九三三年（昭和八）に十九代の手がけた三石光明寺《こうみょうじ》本堂が残る（図1－⑥）。棟札《むなふだ》（建物の上棟式のときに、建築年、施主、棟梁等を記して棟木に打付ける札）によると、十名の職人のうち兵庫

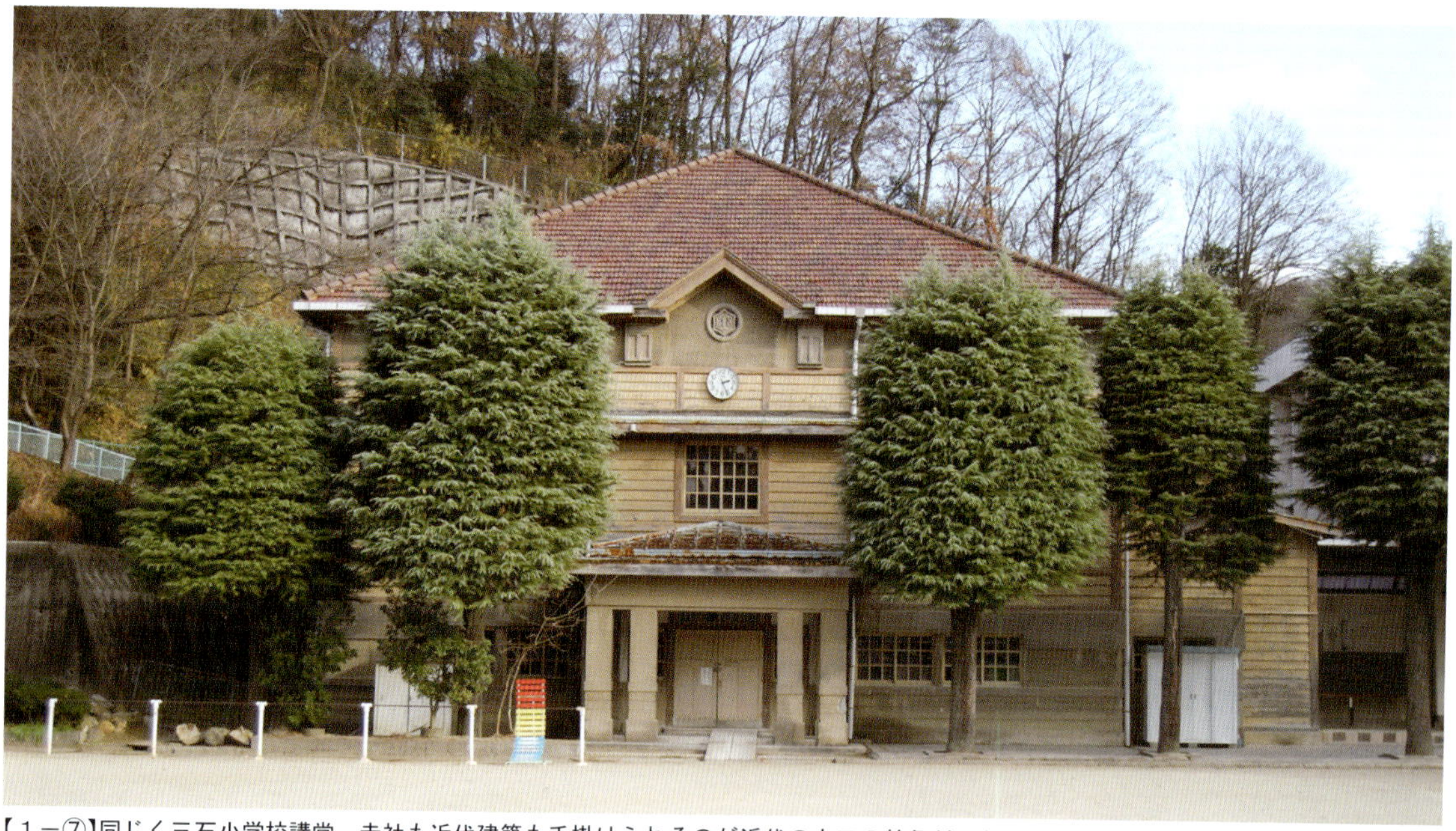

【１－⑦】同じく三石小学校講堂、寺社も近代建築も手掛けられるのが近代の大工の特色だった

【１－⑧】高松市歴史資料館「近代をつくった大工棟梁」展の様子（2008年）

県からのひとりを除いて全員が香西と高松から来ている。この本堂を建てるのを見た三石町長が十九代の腕の確かさを見込んで小学校の建設を依頼したとの伝承も地元に残る。一九三六年（昭和十一）には同町尋常小学校の校舎と講堂をつづけて手がけた。いまも洋風デザインの講堂が残る（図1－⑦）。

高松市で『大工久保田家』展

久保田家文書は数千点にのぼった。三年間で調査成果がまとめられ、二〇〇八年には高松市歴史資料館で、『近代をつくった大工棟梁《とうりょう》、高松の大工久保田家とその仕事』として一般に披露することができた（図1－⑧）。時代が江戸から近代に移るなかで、地方の大工がどのように時代を乗りこえたかを資料を通して語ることができた。

大工道具にかんするふたつの経験から、調査を通してこちらの理解が深まると、資料も雄弁に語りだしてくれる醍醐《だいご》味《み》を味わった。今回の鉄川与助の大工道具も、そんな醍醐味を再び味わえる予感がした。

長崎の教会群と文化的景観調査

長崎の教会群を世界遺産へ

長崎の上五島は、私の憧《あこが》れの地であった。長崎県内でもっとも教会堂の多い島である。なかでも頭ケ島《かしらがしま》天主堂は、二〇〇一年（平成十三）に国重要文化財の指定を受けた際に、雑誌『月刊文化財』に紹介された石づくりの姿に惹《ひ》きつけられた。いつか訪ねてみたいと心にあたためていた。

【1－⑨】江袋集落遠景

写真家三沢博昭氏の教会堂写真集『大いなる遺産 長崎の教会』（智書房 二〇〇〇年）に魅せられ、建築史研究者の川上秀人氏や林一馬氏の教会堂の解説を、異国を旅する気分で読んだ。教会堂を訪ねることも好きだった。一方で、長崎の教会堂の調査研究はすでに行きわたっているように見え、私が携わることはないと思っていた。

二〇〇七年（平成十九）一月二十三日付で届いた「長崎の教会群とキリスト教関連遺産」が世界文化遺産暫定リストに追加登録された朗報も、少し距離を感じて受けとった。しかしこのニュースがその後、私を上五島に呼びよせることになる。

世界遺産に登録されるためには、自国の文化財保護法で保護されている必要がある。長崎県内の教会堂は、このときすでに七棟が国重要文化財の指定を受け、教会堂の保護は進んでいた。くわえて、長崎県と各地行政は教会堂を取りまく集落の景観の保護にも手を施そうと、二〇〇五年（平成十七）に施行された文化財保護法の重要文化的景観の制度を適用することを試みることになった。

長崎の外海《そとめ》、佐世保の黒島、平戸《ひらど》、小値賀《おぢか》、下五島《しもごとう》、上五島《かみごとう》、天草《あまくさ》の各地で、文化的景観にかんする調査がいっせいにはじまった。私は新上五島町から依頼を受け、上五島を担当することになった。

上五島の文化的景観調査

上五島の文化的景観調査は二〇〇八年六月の事前調査からはじまった。上五島は、中通島《なかどおりじま》と若松島の大きくふたつの島からなる。海岸を走ると深く入り込んだ入江がつぎつぎと現れる。海岸線の総延長は四百三十キロにもおよび、東京と大阪を直線で結ぶのと同じ距離になる。こんなに大きいとは思わなかった。調査はまず、島をくまなく巡り、調査対象地域を絞るところからはじまった。特徴的な景観として四つの地域が見えてきた。

①北魚目半島の集落景観

ひとつ目は北魚目《うおのめ》半島の集落景観である。中通島《なかどおりじま》は地図で見ると十字架の形をしている。十字架の北にのびる半島が北魚目半島で、南北距離約十キロ、東西距離約一・五キロ、標高平均三百メートルの山地が海から盛りあがった背骨のように連なる。ここに北から、米山《こめやま》、赤波江《あかばえ》、仲知《ちゅうち》、江袋《えぶくろ》（図1－⑨）、小瀬良《こぜら》、大水《おおみず》、曽根の七つの教会堂がある。上五島でもっとも教会堂が集中する一帯である。教会堂がある七つの集落は、急峻な地形のなかで、かろうじて入江や山水に恵まれた斜面にある。海岸から斜面の中腹にある教会堂に通じる道が集落を貫き、道の両側には段々畑がつづく（図1―⑩）。

段々畑で耕されるのは主に甘藷《かんしょ》（サツマイモ）で、江戸時代後期に農地開拓と食糧増産のために大村藩から農民が移住したことに起源をもつ。甘藷は、薄くスライスしてカンコロに加工される。斜面に点在する民家は、床下を深く掘ったイモガマに甘藷を貯蔵し、前庭にカンコロをゆでる釜のジロを備え、脇にゆでたカンコロを海から吹きあげる風で乾燥させるヤグラを組む（図1―⑪）。甘藷の栽培から加工、保存までの一連の生産が各戸単位で営まれ、それが段々畑の石積みの連なる景観に表れているのが特色である。

【1―⑩】江袋集落の教会堂への道と段々畑

とくに、**江袋集落**は一八八二年（明治十五）に建設された現役最古の木造教会堂のある集落として知られる。二〇〇七年に漏電による焼損で一時は教会堂の存続が危ぶまれたが、三年間の修復工事を経て、往時の姿を取りもどしている。修復期間はちょうど景観調査の期間にあたり、覆いのかかった教会堂を見ながら集落を歩き回った。

背後の畑の日照を前の家が妨げないように屋根の高さを抑えたり、強風から家屋を守るために石垣と樹木で取り囲んだりと、急峻な斜面地に暮らす工夫が見えてきた。ほかの集落では、車で通うのに便利なように教会堂を県道の近くに移したところ、集落の構造が変化し、耕作放棄地や空家《あきや》がめだつところもあった。地域の教会堂と集落の結びつきはそれだけ強い。**江袋教会堂**の修復が完了し（図1―⑫、⑬）、集落が再び穏やかな景観を取りもどしたことは幸いであった。

【1―⑪】［左］ヤグラ（赤波江）、［右］民家床下のイモガマ（江袋）

【１－⑫】江袋教会堂遠景

【１－⑬】江袋教会堂内観

【1－⑭】頭ヶ島集落

【1－⑮】頭ヶ島天主堂外壁に刻まれた数字

②頭ヶ島天主堂と石切場跡の景観

ふたつ目は、頭ヶ島《かしらがじま》天主堂と石切場跡《いしきりば》の景観である。一九一七年（大正六）完成の頭ヶ島天主堂は周辺の石を切りだして建てたといわれてきた（図1－⑭、⑮、⑯）。外壁には、寸法を示す数字が刻まれている。切りだすときにつけたものと考えられる。しかし、どこから切りだしたのかを知る人は少ない。実際に探ってみた。戦後まで石工をしていた友住郷崎浦の立木政継氏や、現在も石材店を営む竹村克安氏・克成氏親子に同行してもらい、船で海上から調査した。

この一帯は崎浦地区と呼ばれ、黄土色から灰白色の厚い砂岩層が連続する。千八百万年から千六百万年前に海底に砂《さ》泥《でい》が堆積し、隆起したものだという。海上から、頭ヶ島北沖のロクロ島、頭ヶ島西岸のウゴラ（図1－⑰）と東岸のホトケザキ、中通島東海岸のマブシ、デンノウラ、ツイヤマなどで石切場を確認した。

立木氏によると、採石は一九五五年

【1－⑯】頭ヶ島天主堂

【１－⑰】石切場全景（ウゴラ）

【１－⑱】石切場の矢で切りだした跡

【１－⑲】崎浦地区の見事な石の彫刻［左］金比毘神社の鳥居と石灯籠［右］墓碑

（昭和三十）ごろまでおこなわれ、機械力のない時代なので、採れるのは船が寄せられる場所に限られたという。石は場所によって硬さが異なり、ウゴラは石質が硬く、色合いも天主堂の石に近い。ロクロやデンノウラ、マブシの石は比較的柔らかく、雨風に当たると表面が流れて風化しやすい。敷石や板石に適したという。上陸して確認すると、矢を使って切りだした跡（図1－⑱）や、鉄棒を上から突き入れて大がかりに割った跡が残る。船が着けやすい場所には石片が多く残り、石を運びだした息遣いが感じられた。

この地域の石切場の条件として、石質がよいこと、切った石を加工する平場が確保できること、搬出する船が着けられることの三点が必要であった。

崎浦地区で切りだされた石は五島石《ごとういし》と呼ばれた。中通島東岸の赤尾・友住《ともずみ》・江ノ浜の集落では、路地の石畳、家屋の足元廻り、蔵の雨のかかる壁、神社の石段などに広く使われ、集落全体が五島石で覆われている。民家の門柱、石碑、墓碑、石臼《いしうす》・竈《かまど》・流し・砥石《といし》等も五島石で賄われた。

上五島以外でも利用が確認され、平戸島中部木ヶ津《きがつ》の普門寺《ふもんじ》常盤蔵《ときわぐら》は、一八五二年（嘉永五）の完成で、頭ヶ島の石を外壁に使う。同じ平戸の根獅子《ねしこ》の民家では、外壁の雨がかかる場所に五島石と呼ぶ石を立てかける。長崎の居留地の石畳もそうであった。

崎浦地区の石切場は、波に洗われて露《あら》わになった石を切りだし、船で搬出する自然条件の厳しさの下にある。この地域が、近世に捕鯨で培った、船を巧みに操る技術を展開させたものと考えられる。崎浦地区の採石は幕末にはじまり、最盛期は明治中期から大正年間で、一丁場（一現場）で帆船一艘分を生産・積出した。当初は土台周りに使う石や板石が主で、長崎・佐賀・福岡に積みだした。

大正末期から昭和初期になると山の原石が乏しくなり、しだいに彫刻職人に専業していった。地区の寺社の、石灯籠《いしどうろう》、手水鉢《ちょうずばち》・鳥居・墓碑は、手の込んだ彫刻で見るべきものが多い（図1－⑲）。頭ヶ島天主堂は、採石の最盛期に高い彫刻技術を背景に生まれた。この地域の記念碑的存在であることも裏づけられた。

【１－⑳】桐教会堂とサンバシ景観

③若松瀬戸に面する桐教会堂周辺の石積護岸とサンバシの景観

三つ目は、若松瀬戸に面する桐教会堂周辺の石積護岸とサンバシの景観である。中通島南端の奈良尾《ならお》港から若松瀬戸に沿って海岸を進むと、桐教会堂下に護岸から浮桟橋に船を係留するようすが見えてくる（図1－⑳）。鏡のようにおだやかな海面に、教会堂と浮桟橋が映りこむ景観が気になり、三つめにこの一帯を調査対象とした。

地元で聞くと、浮桟橋と岸から橋状にのびる通路も含めてサンバシと呼ばれている。個人の所有物で、船を係留し生簀《いけす》を備えるものや、屋根がついたものもある。大きさは幅五メートルに長さ十メートル、または幅三メートルに長さ十メートルを基本とする。生簀は二メートル四方を平均の大きさとし、舫《もや》いにしてつなぎあわせた生簀を三、四人で共有することもある（図1－㉑）。

【１－㉑】桐教会堂下のサンバシ

海岸に沿ってサンバシの係留地を調べたところ、南から桐、古里《ふるさと》、横瀬《よこせ》、深浦、築地《ちじ》、白魚《しらうお》、宿ノ浦《しゅくのうら》、中ノ浦、若松の集落で確認できた。いずれも若松瀬戸に面した深い入江で、内海の島影で波がおだやかという自然条件を備えている。サンバシを使うようになったのは戦

【1－㉒】築地に残る石積みの波止

後のことで、以前は石積みの波止《はと》を築き、船をつないでいたという。その景観は、築地集落に留められている（図1－㉒）。

これらの集落はかくれキリシタンの伝承をもち、現在は桐教会堂の信者が住む。桐集落は、長崎の大浦天主堂の完成（一八六五年〈慶応元〉）直後に、五島から初めて大浦天主堂を訪ねたガスパル与作を輩出した場所である。与作は、その後伝道師として活躍し、一八七七年（明治十）に

【1－㉓】旧桐教会堂司祭館のレンガ壁

自宅を仮教会堂として伝道学校を開設した。その流れを汲む旧桐教会堂は現在の教会堂から北に百五十メートルの場所に位置した。鉄川与助はこの教会の増改築に携わった。跡地には、レンガ壁の建物遺構が残る（図1－㉓）。教会堂に隣接した司祭館の建物で、入口、テラス、風呂場等の跡が確認できた。

修道院に尋ねたところ、司祭館は桐教会初代神父のヒューゼ氏が一八九八年（明治三十一）に着任する際に建てた建物で、地下にワイン倉庫、東側にはパン窯があった。レンガはフランスから輸入したもので、教会堂も同様のレンガで建てられ、昭和三十年ごろまで使われていたという。長崎県内で大浦天主堂司祭館（一九一四年〈大正三〉）以前の古い遺構と考えられ、たいへん貴重である。

④土井ノ浦教会堂とキリシタン洞窟の景観

四つ目は、土井ノ浦教会堂とキリシタン洞窟の景観である。土井ノ浦は若松島の南部にある集落である。集落の高台にある土井ノ浦教会堂は、一九一五年（大正四）に中通島青方《あおかた》にあった旧大曾《おおそ》教会堂を移築したものといわれている（図1－㉔）。また、ここは明治のキリシタン弾圧の折に、沖合の洞窟（キリシタン洞窟）に

【1－㉔】土井ノ浦教会堂遠景（中央の上部）

隠れたことで知られる。これらは景観よりも史跡に近いが、調査対象とした。

　土井ノ浦教会堂は、正面外観や外壁の材料は近年のものだが、内部に入ると木造のリブ・ヴォールト天井（リブは肋骨、ヴォールト天井はアーチ〈曲面〉形天井のこと。天井の重量をリブ部で負担するためアーチの厚さを薄くすることができる。ヨーロッパで十二～十四世紀に発展したゴシック時代に生み出された手法）が連続する（図1－㉕）。説明板によると、一八九二年（明治二十五）に仮の教会堂が建てられていたが、大曾教会が大正四年に煉瓦《れんが》づくりの教会堂を新築したことから、木造の旧大曾教会堂（一八七九年〈明治十二〉）を買い受け、一九一八年（大正七）に移築完成したという。一九六〇年（昭和三十五）と一九九七年（平成九）に大改築がおこなわれ、現在の姿となった。教会堂の内部と屋根裏を調査すると、堂内の柱、屋根裏の梁《はり》、天井リブには、解体のときについたと思われる傷が見られ、移築を裏づける。梁に記された番付（大工がつける番号のこと。建物の柱位置にXY方向の場所が分かるようにつける）から、入口と祭壇部分は土井ノ浦に移した際に付加された。

【1－㉕】土井ノ浦教会堂内観（1879年建設の旧大曾教会堂を1918年に移築）

　旧大曾教会堂の敷地は、現在の煉瓦造の大曾教会堂の敷地と異なり、大曾の入江の奥まった位置に建っていた。跡地は畑地になっているが、北側入口に蘇鉄《そてつ》が残り、ここが正面だったと思われる。

　跡地を実測すると、南北長さ約二十六メートル、東西長さ約九メートルで、土井ノ浦教会堂の旧材部分が奥行約十二メートル、幅約九メートルだから、東西方向に梁を架け、南の入江に向けて祭壇を設けていたと推測できる。

　キリシタン洞窟は、土井ノ浦から船で十五キロ南に行った白崎の近くに位置する（図1－㉖上）。洞窟は明治初めのキリシタン迫害のときに、土井ノ浦の信者たちが隠れた場所と伝えられる。洞窟は三方に入口をもつが、いずれも狭く、海上か

【1－㉖】[上]キリシタン洞窟西側外観、[下]同内観(調査中)

ら一見する限りでは洞窟があるとわからない。内部を実測すると、長手方向が約四十九メートル、短手方向が約二十九メートル、高さは高いところで七メートル、低いところで一メートルである。北西側の壁には、高さ二・八メートルの位置に直径六十センチのレリーフがはまっていた跡がある。足元は大きな岩がゴロゴロし、潮が満ちると水に浸かる。人が体を休められる場所は中央のごく一部のみで、当時の厳しい状況がうかがえる(図1－㉖下)。

文化的景観の選定

上五島の文化的景観調査は、二〇〇九年（平成二十一）の年明けまでつづいた。学生たちと連泊し、雑木に覆われた段畑の跡を追ったり、小船に乗って石切場の跡をたどったりした。地道な調査の結果、ひとつ目の調査地に選んだ北魚目半島が、「新上五島町北魚目の文化的景観」として二〇一二年（平成二十四）一月に国の文化的景観の選定を受けた。さらに、頭ヶ島と周辺の石切場が「新上五島町崎浦の五島石集落景観」として同年九月に同じく選定を受けた。役場の人の協力を得ながら、学生と歩き回った地道な調査が実を結び、たいへんうれしかった。

【１－㉗】大工道具調査風景

鉄川与助の大工道具調査のはじまり

文化的景観の調査をつづけながらも、鉄川与助の大工道具のことはずっと頭のなかにあった。前述したように、大山かおりさんから「興味ありませんか?」と誘ってもらったのがはじまりだった。ただ、最初に見せてもらったときは正直戸惑った。どの道具も割れや傷があり、たいへん傷んでいるように見えた。多くが鉋《かんな》だったが、複雑な削り面で、見慣れないものばかりだった。それでも、調査費を得るために二〇〇九年度（平成二十一）の科学研究費を申請した。その結果、「世界遺産候補〝長崎の教会建築〟の保存継承に向けた道具・技術・組織に関する史的研究」として、研究費を得ることができた。大工道具の調査に取りかかる準備が整った。

鯨賓館ミュージアムでの調査

二〇〇九年九月、鯨賓館ミュージアムで大工道具の調査がはじまった。点数を確認し、一点ずつスケッチを取って寸法を測る（図1－㉗）。

鉄川与助の大工道具は十七点からなる（図1－㉘）。十二点が鉋で、鉋の刃押え、墨壺（各道具の説明は第二章参照）、留定規、柱面取見本、足踏式ロクロが各一点ある。鉋が多い。ただ、道具から得られる情報量がどうも少ない。

村松氏の『大工道具の歴史』は、鉋の銘品を多く紹介する。刃に刻まれた國弘《くにひろ》、重勝《しげかつ》、石堂《いしどう》、千代鶴是秀《ちよづるこれひで》の銘から、道具の特色を語る。鉋台も木目が美しい。一方で、鉄川与助の鉋は、肝心の刃が失われ、台にヒビ、割れ、歪みが目立つ。削り面が複雑で、初めて見るものばかりだったこともあり、理解がむずかしかった。ただし、鉋の一点に刻印が打たれていて、MANUFACTURE FRANÇAISEと読めた。これには驚いた。長崎の教会堂がパリ外国宣教会から派遣されたフランス人神父によって建てられたことと関係があるのかもしれない。

与助の弟子の**前田喜八郎氏**が使用した大工道具も所蔵されていた（図1－㉙）。鉋十二点、打鑿《のみ》二点、ツボ錐《きり》（穴を開ける道具）一点、ボールト錐（ギムネ）三点、墨壺一点、罫引《けびき》（木材に平行な線をひく道具）二点、鋸二点。計二十二点が大工道具箱に一式で収められ、ほかに手斧一点があった。弟子の道具も鉋が多い。ボールト錐は、頑丈な錐で、太く深い穴を開けられる。桁や梁の枘《ほぞ》穴やボルトを通す穴を開けるときに使う。洋風建築の小屋組に必要な道具である。全体に標準的な日本の大工道具であり、鉋、鋸、鑿の刃の銘も記録した。

道具がどのような経緯で鯨賓館ミュー

【１－㉘】鉄川与助の大工道具（新上五島町鯨賓館ミュージアム所蔵）

ジアムに所蔵されたのか、当時のことを知る湯川紳吉氏に話をうかがった。湯川氏は新魚目町《しんうおのめちょう》時代から町の文化財審議員を務められ、地域の文化財に目配りされてきた。

鉄川与助の道具の来歴

湯川氏はつぎのように道具の来歴を教えてくれた。

鉄川家の実家は、中通島北東丸《まる》尾《お》郷《ごう》の魚目港に臨む集落にあった（図１－㉚）。港から路地を一本入った場所に敷地があり、港側に住宅が、裏に作業小屋があった。住宅と作業小屋を一九九七年五月に解体した折に、座敷の天袋から図面類が、作業小屋から道具が見いだされた。小屋の外には轆轤《ろくろ》もあって、踏めば回るようになっていた。道具は、当時の助役がもったいないからともらってきた。

与助の長男は長崎に出たので、上五島に残った道具はまちがいなく与助のもの（図１－㉛）。新魚目町役場に保管され、魚目小学校に歴史資料館をつくって展示した後、二〇〇五年に鯨賓館ミュージアムに収蔵された。保存状態が良好でなかったため、刃が錆《さび》でボロボロになって外さざるをえず、ミュージアムに収蔵されたときには刃が失われていた。助役が、「このまま失われてしまうのは惜しい」と考えたのは的確な判断だった。

【１－㉙】弟子前田喜八郎の大工道具（新上五島町鯨資館ミュージアム所蔵）

図面も道具も、現在は鯨資館ミュージアムに保管され、同館の主要な展示のひとつである。図面は十三枚からなる。林一馬氏の調査から、**江上天主堂**とその祭壇の設計図、**田平天主堂**の塔屋の設計図であることがあきらかにされている。塔屋の図面は、窓の三つ連なったアーチやレンガの割付を検討したもので、与助がどうやって教会堂の姿を考えたかを伝える。丸尾の実家跡地には、敷地を取り囲むレンガ塀が残る（図1－㉜）。

弟子、前田喜八郎の道具

前田喜八郎氏の道具は、二〇〇七年四月に息子の前田喜代吉氏が寄贈した。喜代吉氏は昭和五年生まれ、喜八郎氏は明治三十年（一八九七）ごろの生まれである。喜代吉氏に話を伺った。

〈先代の喜八郎は鉄川与助の三番目の弟子だった。鉄川に出会って大工になった。私が小学校四年生のとき

【１－㉚】丸尾郷の魚目港

【１－㉜】丸尾郷の鉄川家実家跡地に残るレンガ壁

【１－㉛】鉄川与助肖像（鉄川進氏所蔵）

【１－㉝】旧魚目小学校の棟札（魚目小学校所蔵）。建築技師 鉄川與助とあり

に大曽教会の窓枠の修理をした。旧魚目小学校校舎（RC造、一九三一年〈昭和六〉図1－㉝）、青方の得雄寺《とくゆうじ》本堂（木造、一九四七年〈昭和二十二〉）を手がけた。一九五〇年（昭和二十五）に長崎に行って、樺島町や長崎大学病院のそばから現場に通った。大浦天主堂の修繕や浦上天主堂に行った。神学校や愛野教会も建てた。純心にも行った。純心の図書館は大村の兵舎をもってきた。諫早教会は木造でつくった。先代は与助の弟子だったので、そういう仕事が多かった。

寄贈した道具は使っていたものの一部。浦上天主堂のときに使っていた。一九五二年（昭和二十七）、一九五三年（昭和二十八）のころ。一式を郵便で上五島に送った。父は病気で浦上天主堂が完成する前にもどってきた。鉋は面を彫る道具で教会等の細工をするのに、ボールトはボルトを挿すために使った。

長崎の賑橋《にぎわいばし》に大阪屋という道具店があった。上海洋行《しゃんはいようこう》の隣に。上海洋行の建物も自分たちがつくった。百五十万円で。上海洋行は昭和三十年代、中国人の家具類を扱っていた。

建物と合わせて建具も昔はつくっていた。建具の方が道具の種類は多く、鉋も内丸と外丸があった。道具はもっとたくさんあった〉

上海洋行はいまも長崎にある。長崎の路面電車が浜町アーケードからめがね橋の停留所に向かって中島川を渡るときに大きく斜めに横断するが、そのときに車窓から見える。この隣に大阪屋があったという。

昭和二十五年の長崎は、前年に長崎国際文化都市建設法が制定され、戦後のまちづくりがはじまった時期である。前田喜八郎氏は、鉄川与助のもとで、原爆で被害を受けた浦上天主堂の再建や大浦天主堂の修繕に携わった。それらにこの道具は使われた。

鉄川与助の手掛けた代表的な教会堂の紹介

旧野首教会堂、明治41年（1908）、長崎県北松浦郡小値賀町野崎郷、最初に手掛けたレンガ造教会堂

田平天主堂、大正7年（1918）、長崎県平戸市田平町小手田免、最後に手掛けたレンガ造教会堂、外観内部ともに均整の取れた構成

江上天主堂、大正7年（1918）、長崎県五島市奈留町大串、愛らしい木造教会堂、高床式でステンドグラスは手描きの花

手取教会堂、昭和3年（1928）、熊本県熊本市上通町、鉄筋コンクリート造で最初に手掛けた教会堂、内部は砂糖菓子のような細工

第二章

語り始めた鉄川与助の大工道具

神戸・竹中大工道具館を訪ねる

鉄川与助の大工道具について、ひととおりの実測調査を終えた。だが、道具から伝わってくるものが少ない。どう理解すればよいのか、ライデン博の日本大工道具里帰り展でお世話になった、神戸の竹中大工道具館の主任学芸員（当時）渡邉晶氏を訪ねることにした。竹中大工道具館は大工道具の国内唯一の博物館として一九八四年に開館し、三万点の道具を収蔵する。渡邉氏はそのすべてを見ていて、大工道具にもっとも精通する専門家である。道具の写真とスケッチを見せる。すると、鉄川与助のものがおもしろいとおっしゃる。見るべきポイントを次のように教えてくださった。

鉋十二点のなかでも、自分で作っている四、五点がおもしろい。これらは、海外の道具を見て、日本の材料で加工したものだ。刃の角度を測ったほうがよい。外国のものは刃が立っている。ヨーロッパは五十五度ぐらい。日本は三十度ぐらい。使う材木がちがうからそうなる。角度八寸（約四十度）ぐらいまでが針葉樹用となる。刃押えが木のものがあるが、これも西洋の考え方の影響を受けている。日本の鉋は木のクサビでは固定しない。こうやって洋風の要素が入っている道具だから、確かに教会を造るための道具だろう。洋風建築を日本の大工がどんな道具を使って手がけたかという一端が見える。教会に使われる材木の種類も関係すると思う。墨壷もシンプルで装飾がなく、機能を重視している。鉄川与助の、あまり道具にこだわらず、道具は用が足せればよいという考え方も見えてくる。

このように、端的に説明してくださった。渡邉氏にとっては、私が理解しにくかった道具のほうが興味深いという。その道具のほうが、教会を確かに造った存在だという。渡邉氏に、ぜひ上五島に来てもらい、実際に道具を見てもらえるようお願いした。

道具の詳細（実測図・写真）

二〇一〇年二月、上五島への渡邉氏の招聘が実現した。鯨賓館ミュージアムで、道具を一点ずつ見てもらった（図2−①、②）。渡邉氏は、道具を握って大きさや重さを確認し、実際使うかのように動かしてみる。実測調査で何度も道具を手にしたが、こうやって使う感覚を確かめてはいなかった。渡邉氏が道具を握ると、鉄川与助が使う様子が再現されるかのようである。

道具に見られる工夫を、一点ずつ教わった。次頁からは、道具ごとに大きさ、全容や細部がわかるように、図面と写真で紹介する。渡邉氏の御教示から、道具の見どころも説明しよう。

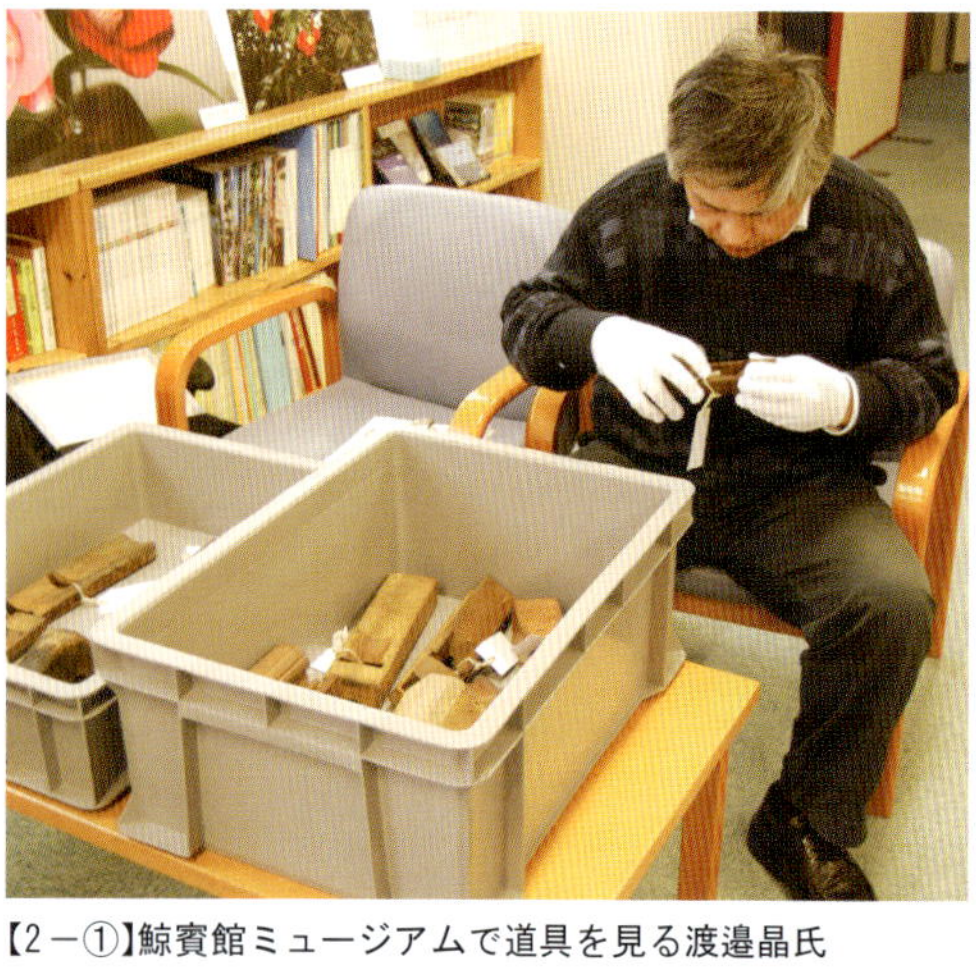

【2−①】鯨賓館ミュージアムで道具を見る渡邉晶氏

① 溝鉋《みぞかんな》（大きさ：長二四〇×幅七二×厚六一㎜、材質：白樫、比重：〇・八二、刃角度：八／一〇）

台鉋の下面に波形とガイドをつけ、加工している。削る形が複雑な鉋は力がかかるので、ひとつの木から作り出すのが通常だが、既存の台鉋に木を貼り付ける。強力な接着技術が必要。力がかかったためか、波形が取れた箇所もある。側面の指の当たる箇所には、滑り止め用の溝が彫られ、ぐっと力がこめられる。

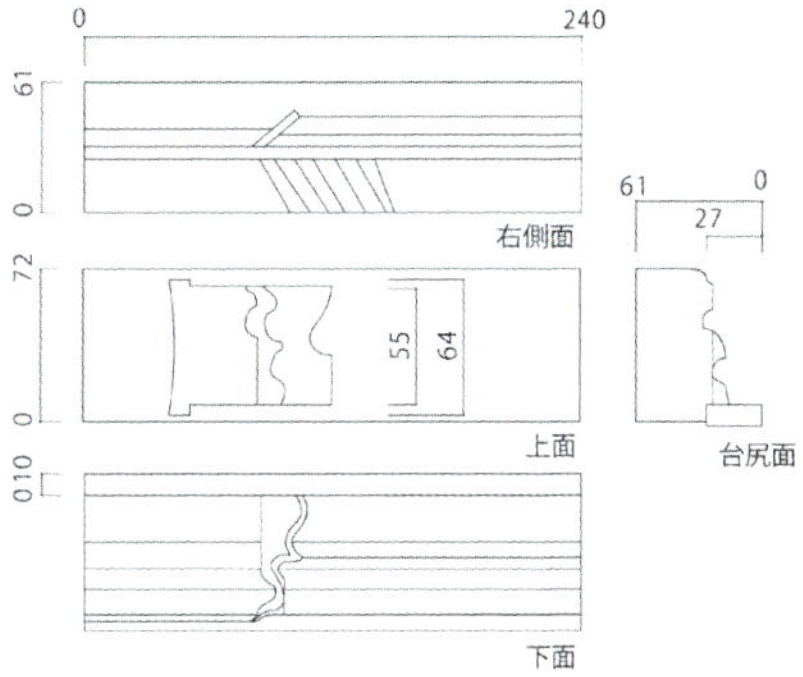

実測図面

上面

刃を入れる部分（ノミの彫り跡が残る）

下面

側面に彫られた滑り止めの溝

台尻面

② 内丸鉋《うちまるかんな》（長二一四×幅五八×厚六八㎜、檜、〇・四三、九／一〇）

他の鉋に対して比重が半分の檜を使い、軽い。可動性を高め、手摺のような丸面を作りだす。刃押えは木製。

下面

台尻面

刃押え

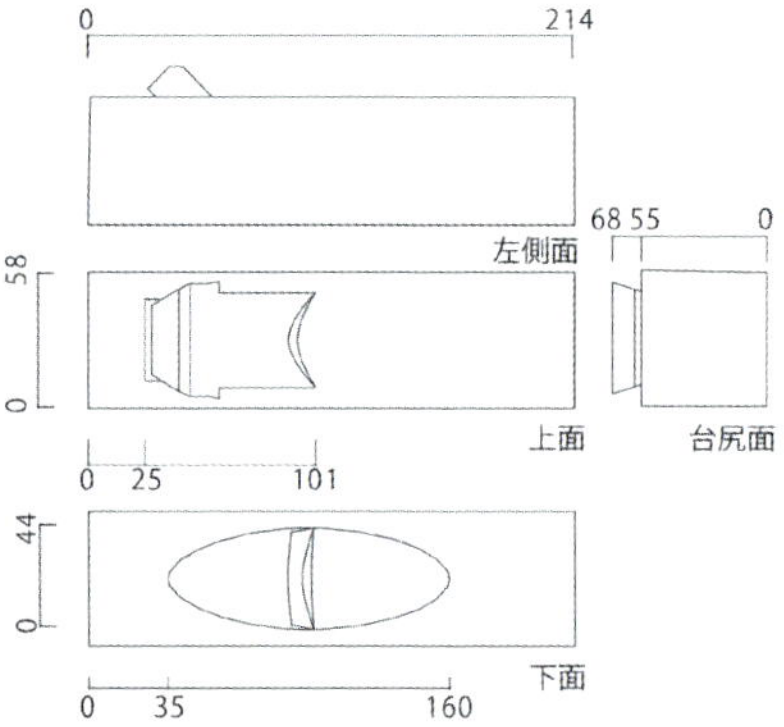

実測図面

上面

③ 内丸鉋（長二一〇×幅六八×厚二七㎜、白樫、〇・七九、五・六／一〇）

凸丸面を仕上げる。押え棒は釘。台鉋を加工し、穴を別材でふさぐ。

下面

台尻面

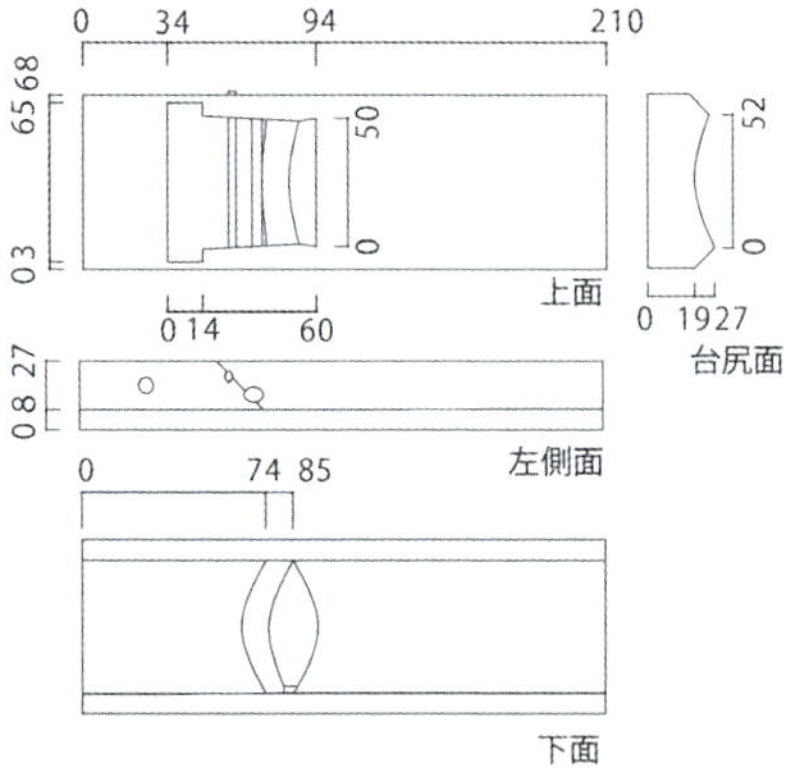

実測図面

上面

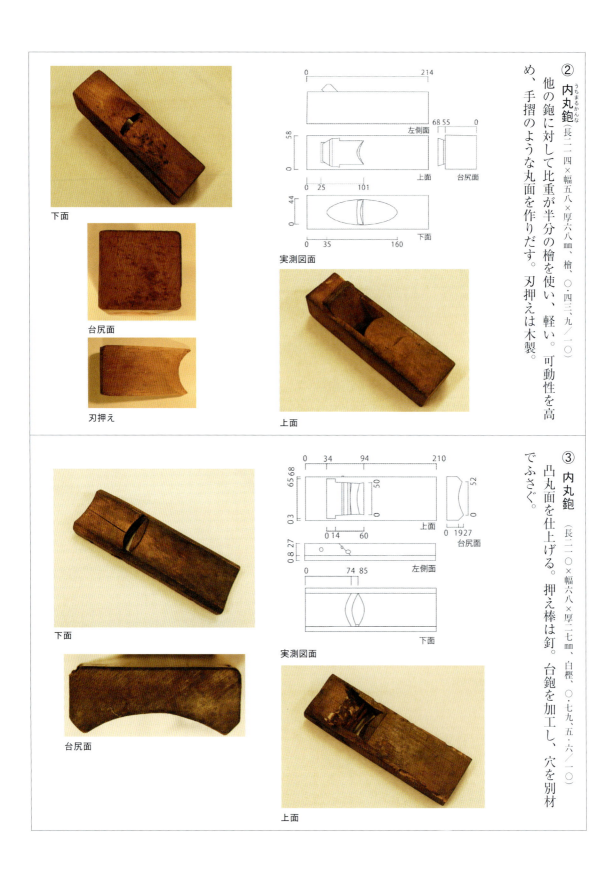

④ 溝鉋 (長二五〇×幅五六×厚五三㎜、白樫、〇・七八、八・五／一〇)

凸型溝鉋。ガイドは別材を釘で打ち付けている。

下面

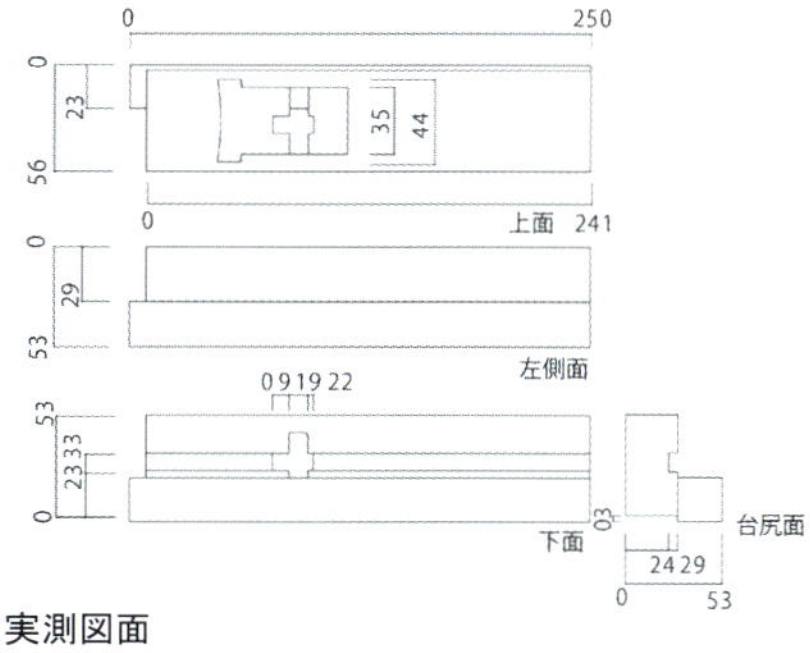

実測図面

台尻面

上面

⑤ 出丸鉋《でまるかんな》 (長二二四×幅四五×厚三〇㎜、白樫、〇・八二、八／一〇)

凹丸面を仕上げる。押え棒は釘。

下面

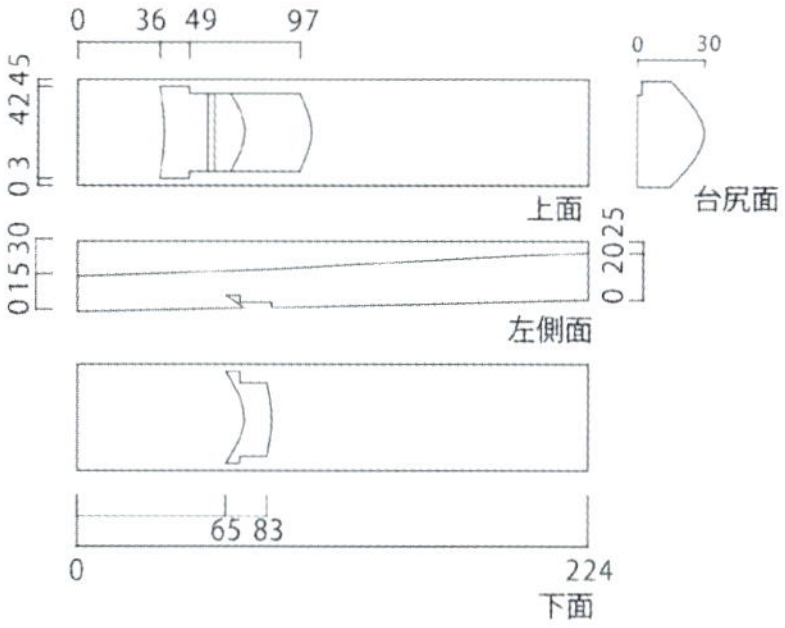

実測図面

台尻面

上面

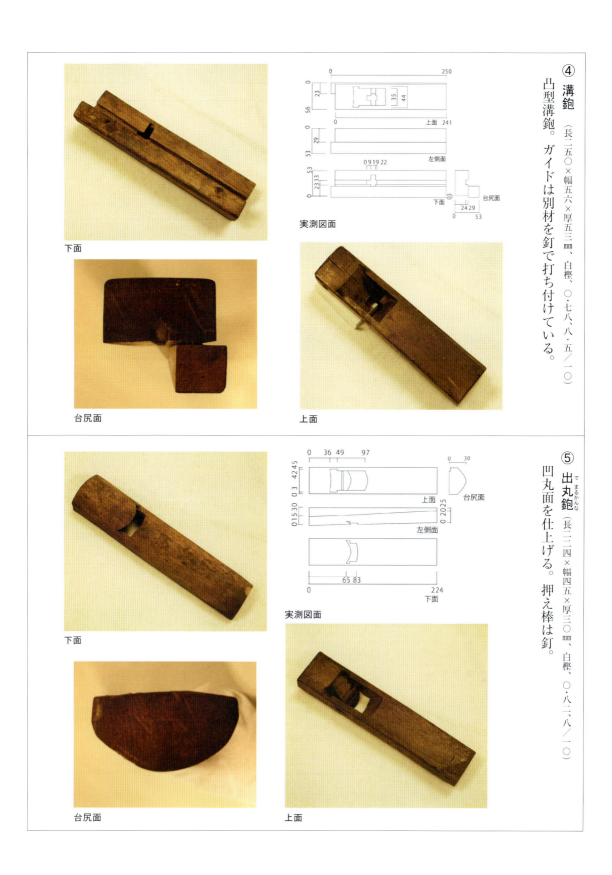

⑥ 出丸鉋 （長二二五×幅五五×厚三〇㎜、白樫、〇・八二、七／一〇）

凹丸面を仕上げる。

下面

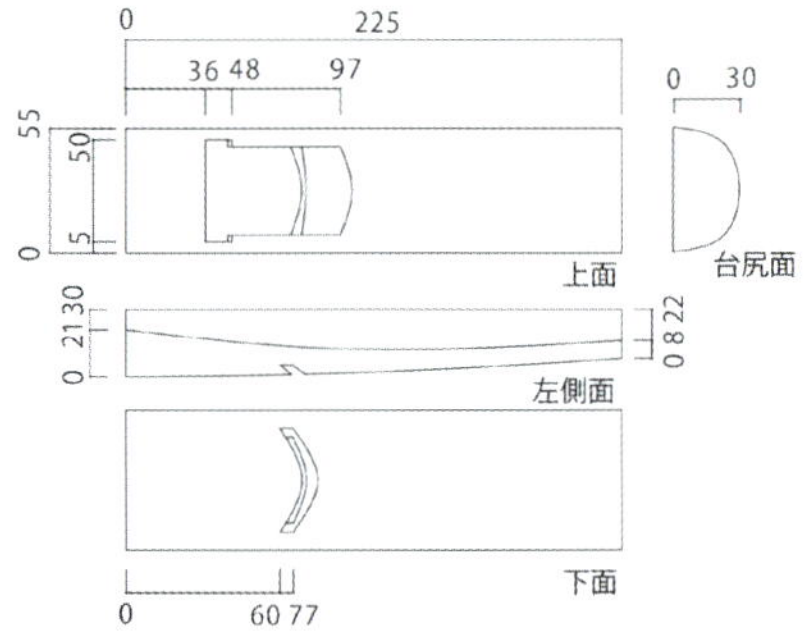

実測図面

台尻面

上面

⑦ 内丸鉋 （長二五四×幅六八×厚三九㎜、白樫、〇・八二、七・八／一〇）

凸丸面を仕上げる。

下面

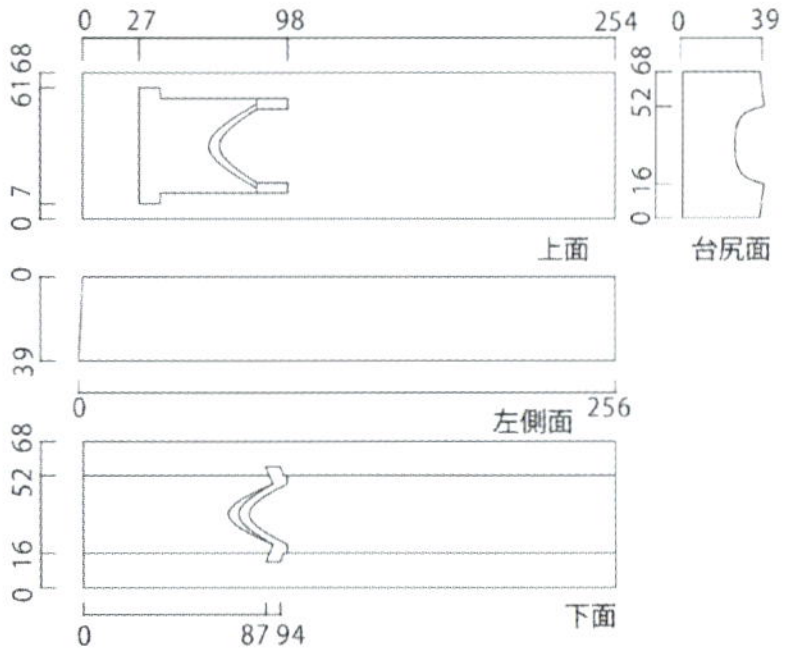

実測図面

台尻面

上面

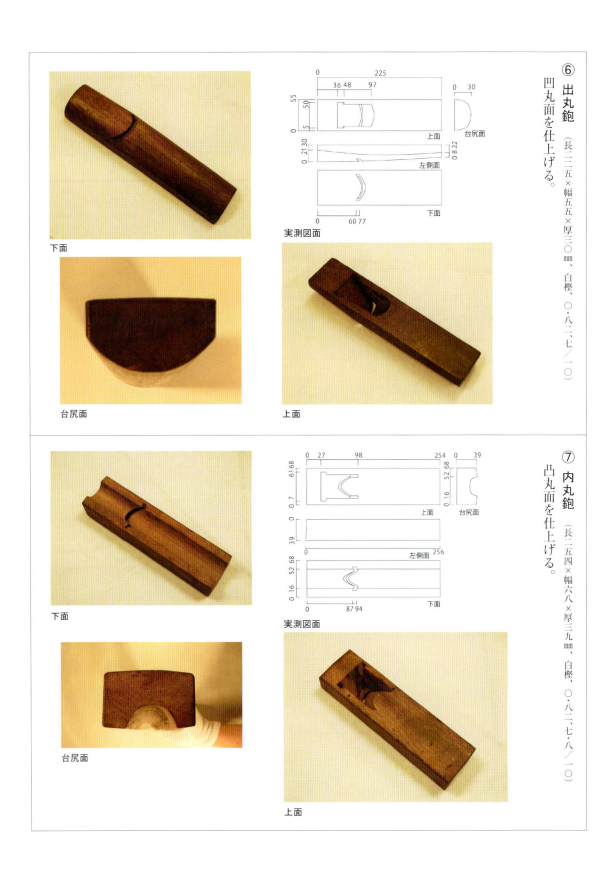

⑧ 面取鉋《めんとりかんな》（長一七四×幅六九×厚四一㎜、白樫と桜、八／一〇）

3つの部材を組み合わせる。中央を白樫、両翼を桜で作り、全て白樫で作るよりも軽く仕上げている。可動域が広く、横向き、上向きでの使用も可能。アーチ曲線を作り出す。

下面

左側面

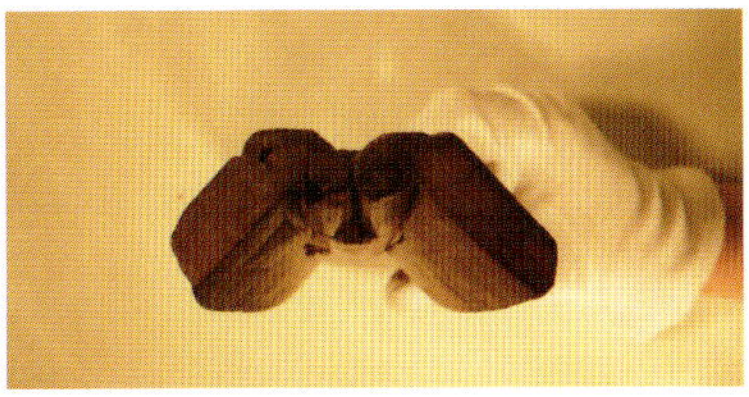
台尻面

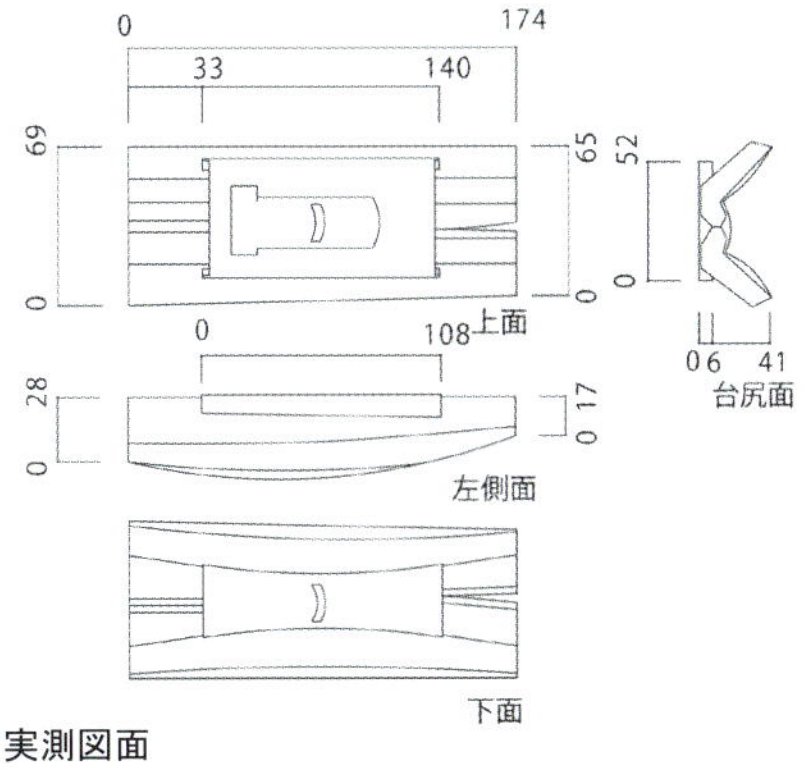

実測図面

上面

⑨ 溝鉋（長二一八×幅三四×厚七四㎜、ななかまど、〇・七六、一二／一〇）

フランス製の刻印"MANUFACTURE FRANÇAISE D'ARMES ET CYCLES DE SAINT-ÉTIENNE"あり。左側面は、いまよりも厚かった。削って、別材をつけていた痕跡が残る。

下面と左側面

右側面

台尻面（刻印のある面）

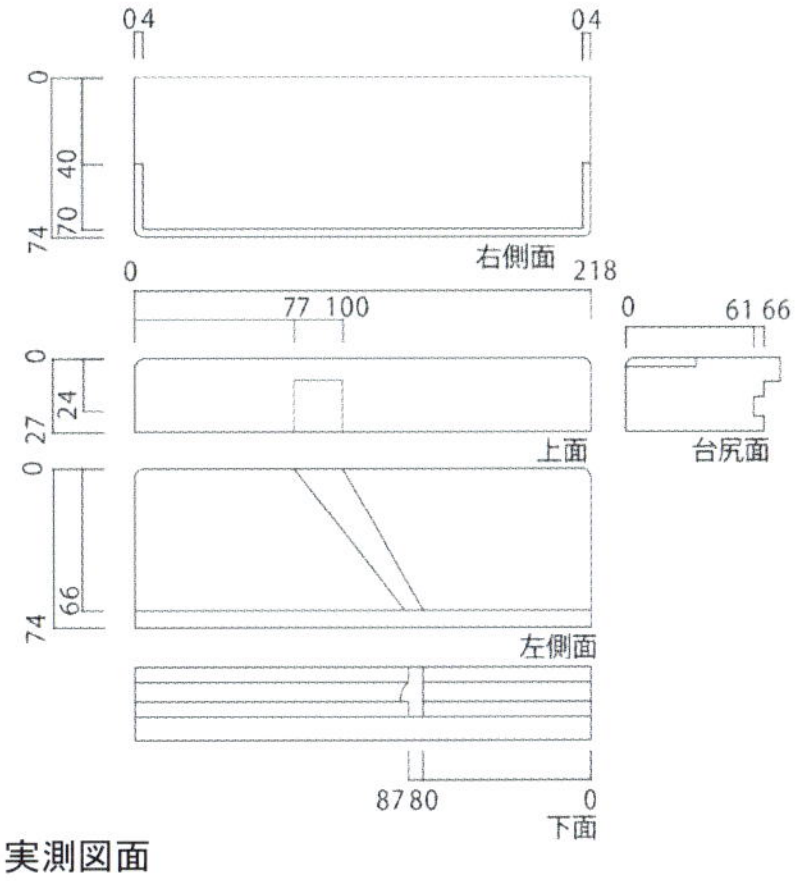

実測図面

上面

⑩ 出丸鉋 （長二三九×幅六三×厚三〇㎜、桜、〇・七二、八／一〇）

凹丸面を仕上げる。

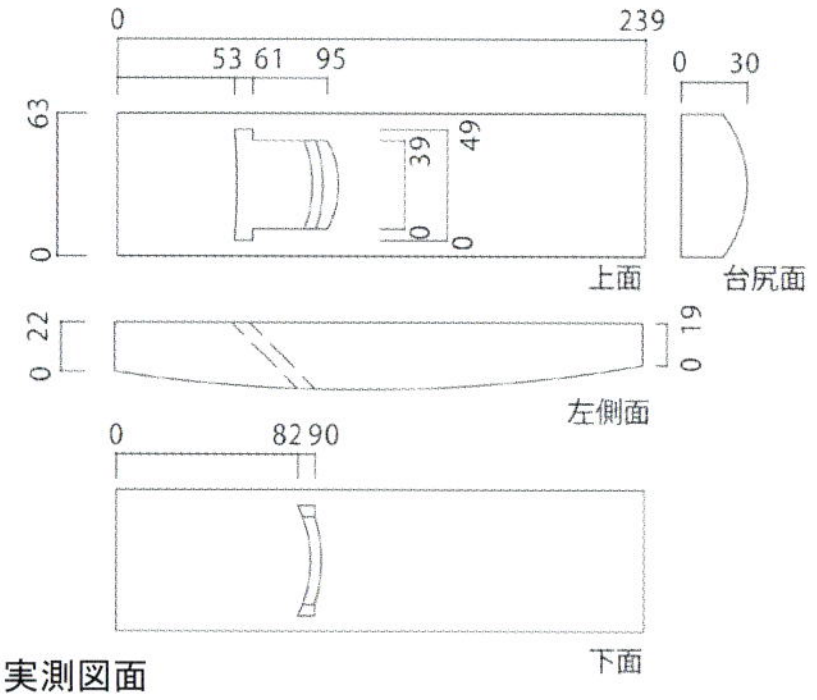

実測図面

下面

台尻面

上面

⑪ 面取鉋 （長二一〇×幅67×厚一八㎜、白樫、〇・八七、七／一〇）

柱の角面などを削り、面を取る。台鉋を加工したもの。

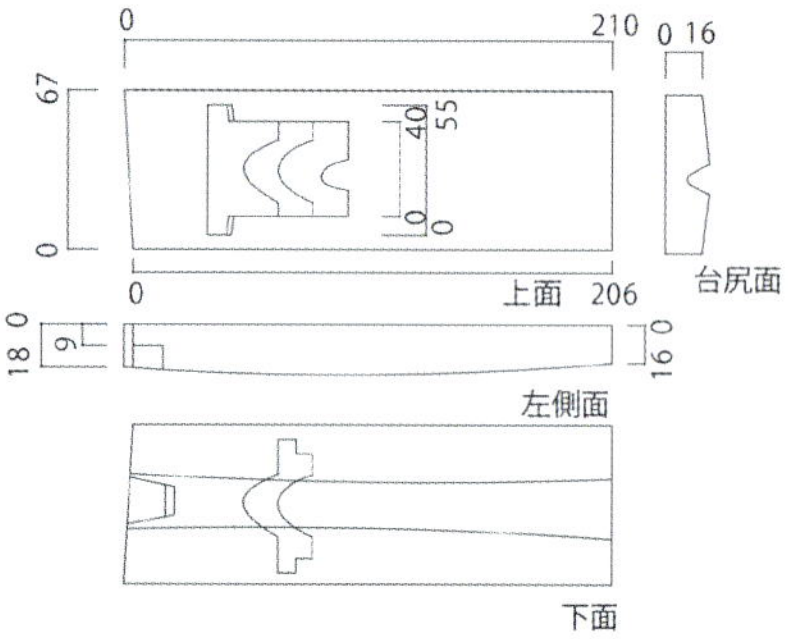

実測図面

下面

台尻面

上面

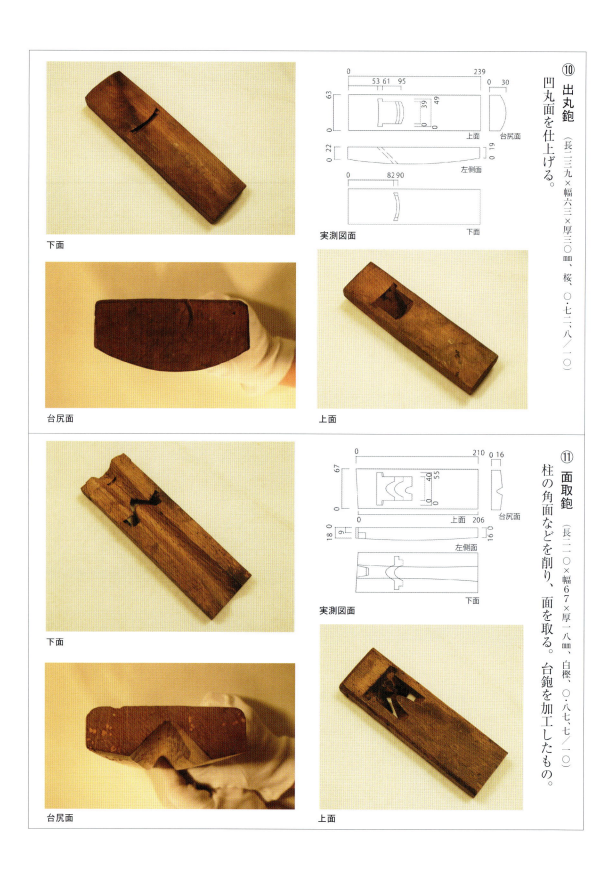

⑫ 内丸鉋（長二一九×幅七七×厚三五㎜、白樫、〇・八四、七・五／一〇）

凸丸面を仕上げる。別材で穴をふさぐ。

下面

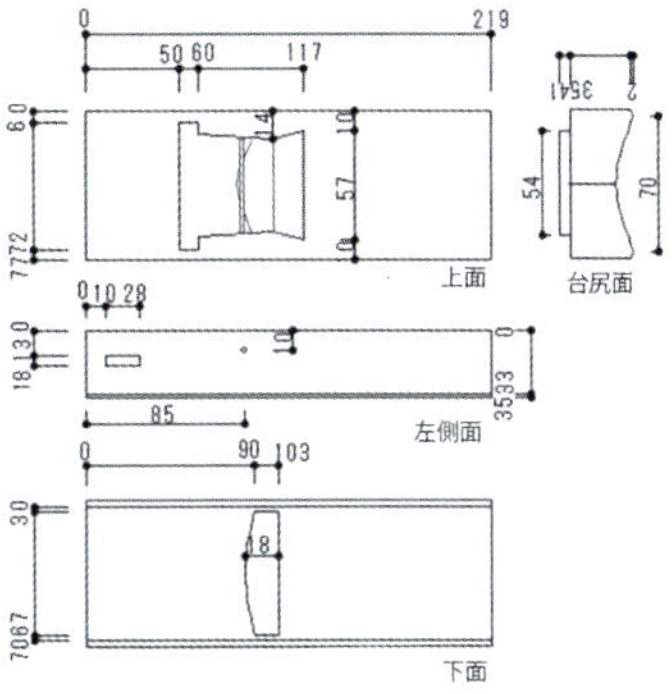

実測図面

台尻面

上面

⑬ 墨壺《すみつぼ》（長一八五×幅四一×厚七四㎜）

手作り。一般的な墨壺は鶴亀などの彫刻を施すが、黒色塗装のみで余計な装飾がない。内部の糸車そばに糸を均等に巻き取るガイドの棒が付けられている。珍しい工夫。

側面

下面

糸車そばのガイドの棒

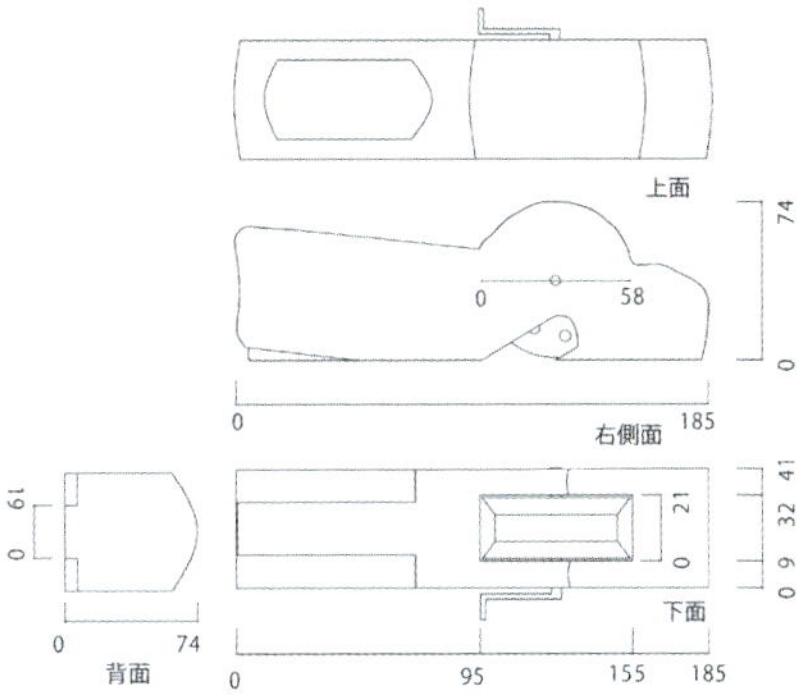

実測図面

全景

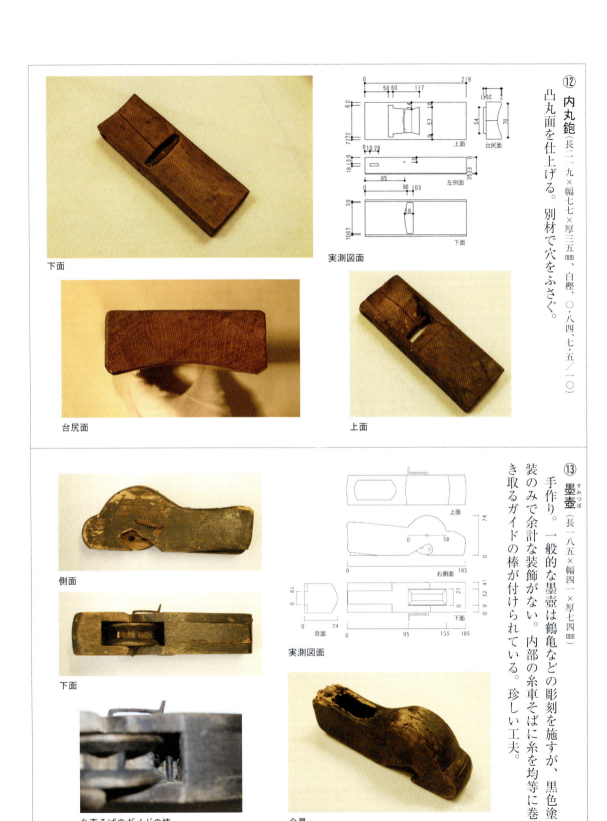

⑭ **留定規《とめじょうぎ》**（長一七七×幅五九×厚五九㎜）

手づくり。二つの部材からなる。通常は一木でつくられる。

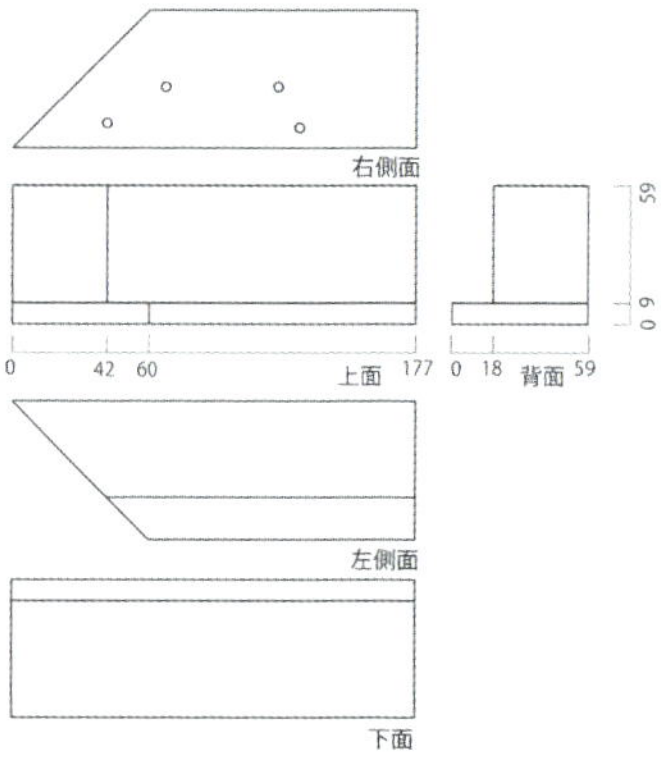

実測図面

前面

裏面

側面

⑮ **柱面取見本《はしらめんとりみほん》**（長二四四×幅九四×厚九四㎜、杉）

八角形柱の面取りを墨で記したものと思われる。四角い柱の角を削って八角柱にする。

全景

側面

⑯ **鉋《かんな》の刃押《はお》さえ**（長一五四×幅四七×厚一九㎜、白樫）

鉋の刃押え。①から⑫のいずれとも合わないので、別の鉋のもの。

⑰ **足踏《あしぶみ》ロクロ**

金属部のみ残る。ド・ロ神父記念館にWitherby, Rugg & Richardson社製（アメリカ・マサチューセッツ州）の同型あり。但し、東京赤羽工作分局発行の『製造機械品目』（一八八一）にも同型のロクロが踏鏇床《ふみろくばん》として掲載され、日本でも製造していた。図によると、残る金属部はベルト車と心押し台。

足踏ロクロの金属部

『製造機械品目』（東京赤羽工作分局、1881）収録の踏鏇床

【2－②】渡邉氏が興味深いと評した鉋

鉄川与助の大工道具に見る工夫

①溝鉋は、仕上げの形からモールディング製作などに使った鉋と推測される。モールディングは繰形ともいい、天井周りなどに施される帯状の縁飾りのことを指す。この鉋は平鉋を加工し、削り面に波形とガイドをつけている。モールディングの鉋は力がかかるので、ヨーロッパのものは一つの木材から作り出す。またヨーロッパ式の押す鉋のほうが簡単に扱える。これは、既存の平鉋に別の木が貼りつけてある。日本式に手前に引いて使う。使うときにかなりの力がかかるので、別材をしっかり接着しないと難しい。そのためか、波形が取れている箇所もある。側面の指の当たる箇所には、滑り止め用の溝が彫られ、力が入るようになっている。道具自体が重い。刃の形も複雑なので、研ぐのがたいへんだったと思う。

②内丸鉋は、手摺《てすり》のような丸面を作り出す。他の鉋に比べて比重が半分で軽く、広範囲に動かすことができる。刃押えは木製を使う。刃押えは、これと⑫の二つに残る。日本の一般的な鉋の刃押えは金属で、木を用いるのは珍しい。ヨーロッパの刃押えは木を用いるものがあって、影響を受けている可能性がある。

③内丸鉋は、凸丸面を仕上げる。台鉋の下面を凸面に加工している。刃押えの横棒は釘を使う。大変使い込まれている。

④凸型溝鉋は、凸型の突起を削り出す。別材のガイドが釘で取り付けられている。

⑤⑥出丸鉋は、凹丸面を仕上げる。二つは、幅が十ミリ異なるが一対だろう。側面から見ると、下面はなめらかな流線型に仕上げられている。鉋台の重心を頭に置くためで、台の頭の部分をしっかり握って削ることができる。他の③⑦⑩⑪**⑫の内丸鉋・出丸鉋**も同様に、下面は流線型に仕上げられている。鉋の動きが考えられている（図2－③）。

⑦内丸鉋は、凸丸面を仕上げる。

⑧面取鉋は、アーチ曲線を作り出すことができる。三つの部材を組み合わせる。組み合わせるときは、中央の部材に彫った溝に沿って両翼を滑らせ、枘《ほぞ》（材の一端につくった突起。もう一方の材に開けた穴にはめこみ、強固に木を接合する）で留める。材質は、中央部が白樫、両翼は桜だろう。すべて白樫で作るよりも軽く仕上げられている。手の平にちょうど収まる大きさで、横向き、上向きでも使える。可動域が広い。

⑨溝鉋は、溝を削り出す。側面に刻印があり、"MANUFACTURE FRANÇAISE D'ARMES ET CYCLES DE SAINT-ÉTIENNE"と読める。左側面は現在よりも厚みがあったようである。削って、別材をつけた釘の跡が残る。渡邉氏の教示を受けて刃の角度を測ったところ、この鉋は分数角度一二／一〇で、約五十度ある。他の鉋の刃の角度は六／一〇から九／一〇で、三十一度から四十二度である。他の鉋よりも刃が立っていることも、フランス製であることを裏付け、来歴が異なることを示す。フランス製の鉋だと押して使うはずで、実際にどのように使っていたのかも興味深い。

⑩出丸鉋は、凹丸面を仕上げる。

⑪面取鉋は、柱角面などの面を仕上げる。台鉋を掘り込んで加工している。側

面に刃の角度を記した鉛筆線が残る。渡邉氏によると、大工は通常こういった線は残さないという。そう言われて鉋を見直すと、①②⑫の鉋にも側面に鉛筆線が残る（図2－④）。②は刃押えの角度も残されている。道具は用を足せればよい、という鉄川の考えが見えてくる。

⑫**内丸鉋**は、凸丸面を仕上げる。刃押えは木製で、押え棒は釘を打つ。大変使い込まれている。

⑬**墨壺**は、直線を引く道具である。上面のくぼみに墨を含ませた綿を入れて使う。糸の端にくくりつけた軽子の針を線を引きたい箇所の始点に刺して固定し、糸巻きの糸を綿に潜らせながら台を引くと、墨の付いた糸が引っ張り出される。線の終点に墨壺を押し付けて固定し、糸を上に引っ張ってはじくと、反動で糸が跳ね返り、線を引くことができる。終点に押し付けやすいように、底面に突起が作り出されている。但し、糸の端についていた軽子は失われ、糸も切れている。

墨壺の大きさは六寸で、手作りである。構造材の墨付に使う墨壺は大きさ八寸（約二十四センチ）が一般的だから、造作用と考えられる。表面を黒色で塗装する他は、糸口も本体に穴を開けただけで余計な装飾がない。墨壺には装飾を彫りたくなるのが大工の性で、一般的な墨壺は鶴亀などの彫刻で飾られている。ここに

【2－③】側面から見ると、鉋下面が流線型に仕上げられている。上から⑤⑥⑦⑩。

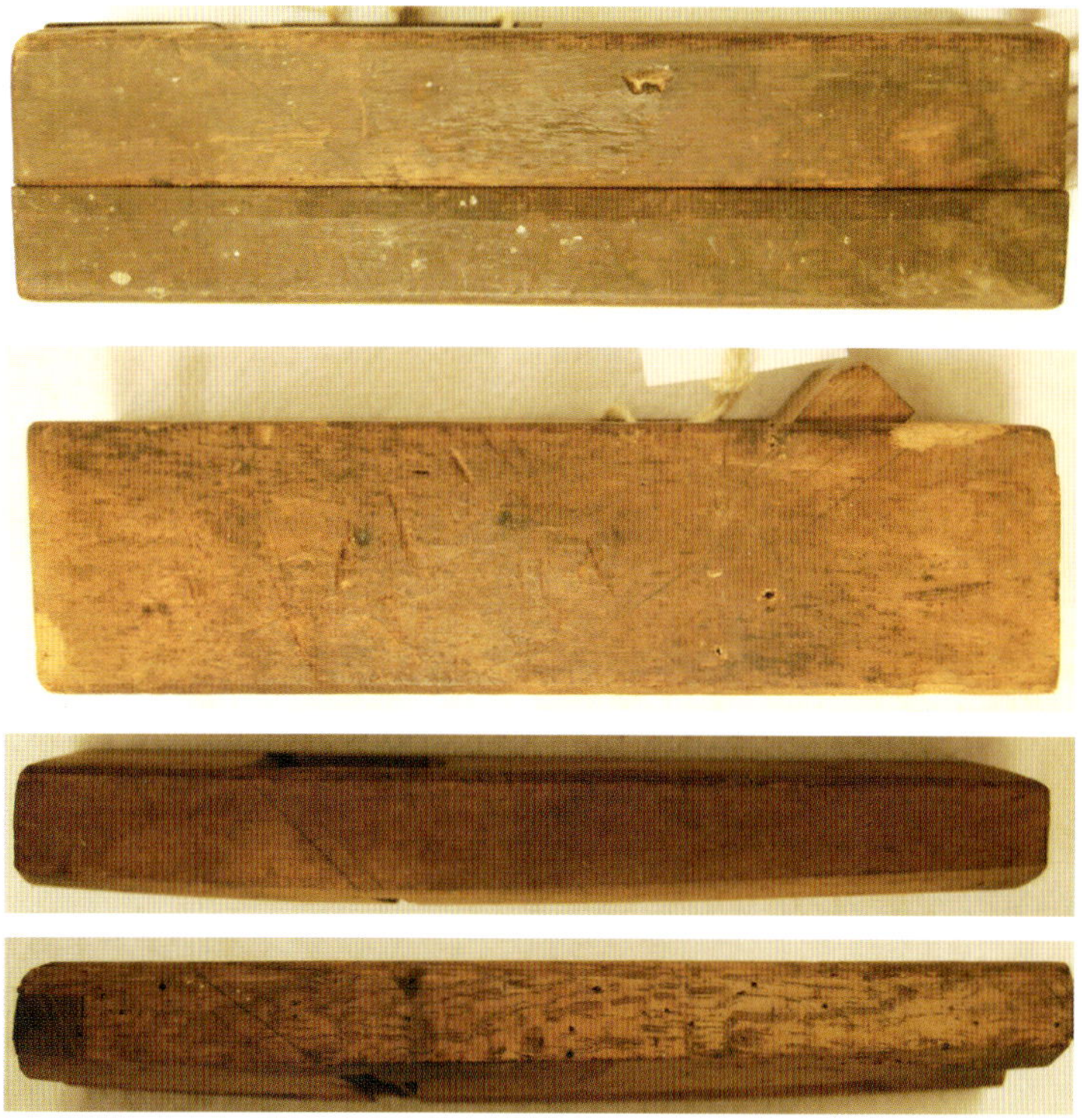

【2－④】鉋の側面に残された刃の角度を記した鉛筆線。上から①②⑪⑫。

も、実直本位の鉄川の考え方が表れている。内部の糸車のそばに、横棒がつけられている。糸を均等に巻き取るためのガイドの役割を果たす。ミシンの下糸を巻き取るときに、ボビンをセットする軸のそばに立つ棒と同じである。この一本の棒でよく均等に糸が巻き取れるものだとミシンを使うときに感心するが、同じ役割をもつ。渡邉氏によると、墨壺でこのような工夫は見たことがないという。

⑭留定規は留《とめ》（部材と部材を四十五度で接続させる部分）を作り出す定規である。手作りで、本体と定規部分が異なる木材からなる。通常は一木で作られるという。

⑮杉材は、八角柱の面取りの見本だと思われる。小口に「B形、四ケ」とある。角柱の角を削って八角にするように、墨が引かれている。

⑯鉋の刃押えは木製。①から⑫の鉋に当てはまるものがないので、この刃押えの形をした鉋が別にあった。

⑰足踏ロクロは、足踏式の旋盤機械である。木部は風雨にさらされて朽ち、金属部のみが残る。全体が残っていないため大きさは不明。ド・ロ神父記念館に木工機械製造で知られたWitherby, Rugg & Richardson社（一八六四～一九〇三、アメリカ・マサチューセッツ州ウースター）製の同型の足踏ロクロが残る。

ド・ロ神父に道具の紹介を受けた可能性もあるが、一八八一年発行の東京赤羽工作分局発行の『製造機械品目』にも同型のロクロが踏鏇床《ふみろくろばん》として掲載され、この時期に日本でも製造していた。よって日本製の可能性もある。『製造機械品目』には、製品の特徴として、職工一人でも運転できる、本邦従来の旋盤のように前後に回転するものではなく一方に回転するため極めて早い、金属細工或いは木細工の都合に応じて回転の遅速を加減できる仕掛けがあると紹介されている。

鉄川与助の人物像

教会堂建設の創意が見える

渡邉氏は、道具をひととおり見て、改めてその特色と鉄川与助の人物像について教えてくれた。

道具は、一から鉄川が自分でつくったものと、既成品に手を加えたものがある。使いやすいように何度も改変がなされている。大工が標準的に使用する道具から見るとごく一部だが、教会堂を手がけた大工らしい道具の特色が表れている。鉋はいずれも仕上げ用のもので、モールディング、柱の面取り、天井リブなどの箇所に使用されたものと思われる。改変箇所からは、教会堂建設にあたっての創意が見える。

いずれも使い込まれ、鉋台は仕上げ面以外には、割れ、ゆがみ、傷がある。しかし、修理の跡を隠すことはせず、そのままにしている。道具はシンプルで用を足せればよいという、鉄川の実直な考え方がうかがえる。そして、確かに教会堂建築に使われた道具である。

希少な道具から弟子との差がわかる

渡邉氏は、鉄川与助の大工道具はたいへん貴重だという。日本の大工がどんな道具を使って洋風建築をつくったかの実例を示す例は稀だそうである。弟子の道具も見てもらったが、こちらは伝統的な日本の大工道具で、一般的な道具だと一瞥しただけだった。ただ、鉄川と弟子のあいだでこのように道具の様相が異なることも興味深い点だという。鉄川から道具を通じて弟子に技術伝達はされなかったことを示すという。

第三章 フランス製の鉋を追って海外取材

フランス・トロワの道具博物館

なぜ武器と自転車の刻印か

鉄川与助の大工道具で気になったのが、⑨溝鉋にあったフランス製の刻印である。

刻印は直径二十五ミリほどで小さく、文字が薄くなっていた。ライトを当てたり、ルーペで拡大したりしてようやく判読できた（図3―①）。刻印は、MANUFACTURE FRANÇAISE D'ARMES ET CYCLESとあった。

MANUFACTURE FRANÇAISE は フランス製の意味である。「フランスでつくられた鉋がなぜここに」と驚いて、期待が膨らんだ。D'ARMES ET CYCLESは、武器と自転車の意味である。こちらは、「なぜ鉋に武器と自転車の刻印なのか」、理解できなかった。「フランスのトロワ（Troyes）にある道具博物館ならば何か情報を得られるのでは」と思いだした。

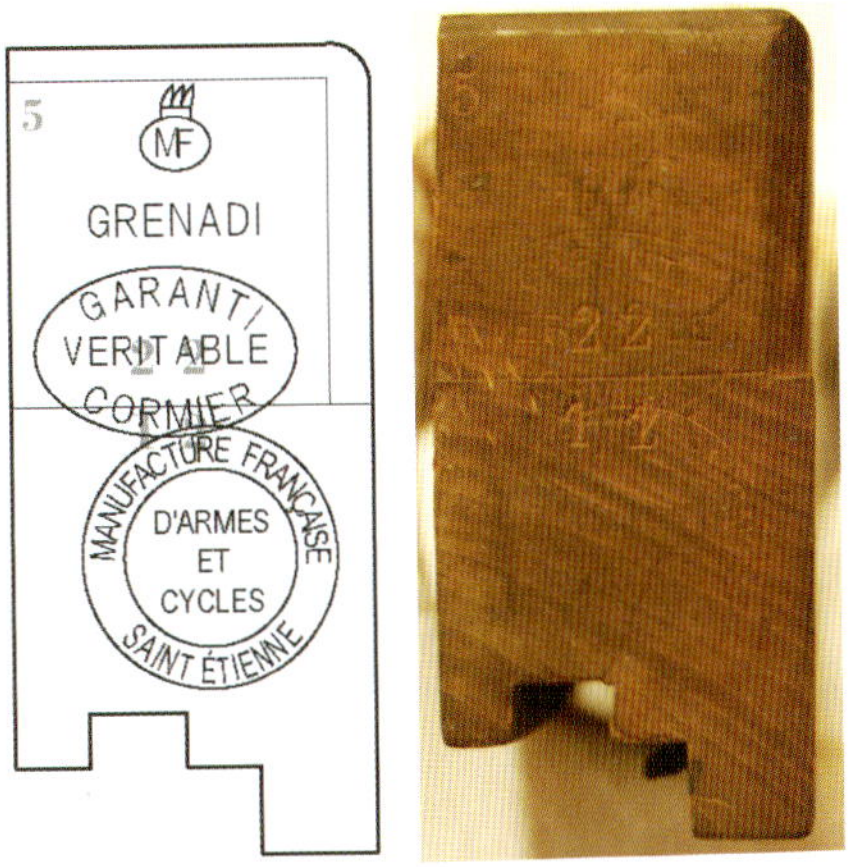

【3―①】鉄川与助大工道具の⑨溝鉋のフランス製の刻印と描き起し

シャンパンコルクの形をした街トロワ

トロワは、パリの南東百五十キロに位置し、特急列車で一時間半の距離にある。一九九八年（平成十）にライデン国立民族学博物館所蔵の日本大工道具を調査していたときに、トロワに道具博物館があることを教わり、訪れたことがあった。当時、学習院大学に留学していた美術史のエステル・ボーエル氏が地元の修復建築家のヴァレンタイン氏とともにトロワの街並みと道具博物館を案内してくれた。フランスの大工道具を改めて見たいこともあり、二〇一〇年（平成二十二）末に再訪した。

トロワは十三世紀にシャンパーニュ地方の首都として栄えた歴史をもつ。旧市

【3―②】トロワの街並み

街地の姿を地図で見ると、シャンパンコルクの形をしている。コルク上部の膨みにあたる街区が一時期遅れて発展したので、このような街の姿になった。シャンパンの産地にふさわしい街の形である。広さは、南北二キロ弱、東西一キロ弱ある。街並みは、十六世紀にさかのぼる木組みの家が建ちならび、細く曲がりくねった路地がつづく（図3－②）。道具博物館（Maison de l'Outil）は、その中心に位置する（図3－③）。

【3－③】トロワの街並み、右側の外壁が横縞の建物が道具博物館

一万点の道具と秀逸な展示

博物館の建物は一五五六年に建てられた豪商の邸宅を利用したもので、通りから中庭に入って建物に入る。中庭の四周を二階建ての建物がぐるりと取りまく（図3－④）。中庭に張りだした六角形の階段塔は建物のシンボルである。建物内部には、一万一千点にのぼる道具が、六十五個の展示ケースに入って展示されている。

【3－④】道具博物館の中庭

ケースのなかの道具は宙に浮かぶように固定されている。ヴァランタイン氏によると、道具は十八～十九世紀に使われていたもので、叩く道具ならば振りおろした姿に、ひく道具ならばひいた向

【３－⑤】大工道具の展示ケース

きに、道具が固定されていると いう。道具の形と向きを見れば使い方がわかるので、展示の文字情報は職人と道具の名称に留められている。道具そのものをじっくり見ることができる。

フランスの大工道具

大工に関連する道具は、E CARPENTIERとLE MENUISIERの展示ケースに入っていた（図3－⑤⑥）。前者は建物をつくる一般的な大工、後者は家具などをつくる指物《さしもの》大工である。

前者の大工道具のケースには七十三点が展示されている。墨壺、丸鑿《のみ》、鉋《かんな》、鏨《たがね》、手斧、ドリル、金槌《かなづち》、コンパス、鶴嘴《つるはし》、下げ振り、砥石《といし》、番付道具、釘、鎹《かすがい》、砧《きぬた》など。日本の大工道具よりも、木を打つ、突く、叩く道具が多い。道具の金属部分が多いのも特徴である。トロワの街を歩くと、木造の家であっても、使われている木材は樫や栗の堅木である。線路の枕木にも使われる骨太で堅牢な木材だから、打つ、叩く道具が主となる。

日本で見られないものにbisaiguë（ビ

【３－⑦】指物大工道具の展示ケース、鉋の部分

【３－⑥】指物大工道具の展示ケース

セーゲ）がある。日本の大突鑿に当たるだろうか。木の表面を削る道具で、長さは一メートル以上あって、先端は鑿状に仕上げられ、柄を握り、体重をかけながら突いて表面を削る。全部が金物でできている。柄を木製にすると、継いだ部分が弱くなるためだろう。日本の突鑿は、刃の部分だけ金物でできている。

鉋は、後者の指物大工のケースに多く収蔵されていた（図3－⑦）。日本でも、家具や建具の大工のほうが鉋の種類が多い。さまざまな形の溝鉋があり、鉄川与助のフランス製鉋に似たものもある。1650、1723、1734、1852の数字が刻まれている。大工が記した年号で、数百年前の鉋である。渡邉晶氏がヨーロッパの鉋は装飾的だといっていたがその通りで、先の年号も凝った数字で刻まれ、花模様やくり型をもつものがある。日本の鉋は、年号や装飾が施されることはほとんどない。このケースには、ほかにドリル、糸鋸、打鑿、万力《まんりき》、木《き》槌《づち》、留定規《とめじょうぎ》などがあった。大工道具のケースの道具よりも大きさが小さく、木部が多い。

【３－⑧】道具博物館の図書館

【３－⑩】MANUFRANCE社カタログ表紙、1962年版（トロワ道具博物館所蔵）

【３－⑨】MANUFACTURE FRANÇAISE D'ARMES & CYCLES社カタログ表紙、1935年版（トロワ道具博物館所蔵）

マニュフランス社通販カタログ

博物館の三階が図書館で、三万二千冊の専門書が収蔵されている。屋根裏空間を使った集中できる空間である（図3－⑧）。ここで窓口の女性に鉄川与助のフランス製鉋の刻印の書き起こしを見せると、マニュフランスといって、分厚い冊子を三冊出してきてくれた。

一冊目は一九三五年発行で、表紙に〝MANUFACTURE FRANÇAISE D'ARMES & CYCLES, SAINT-ETIENNE LOIRE〟とある（図3－⑨）。二冊目は一九五八年の発行で〝MANUFRANCE〟、三冊目は一九六二年発行で二冊目と同じタイトルである（図3－⑩）。なかを見ると、ずらりと商品が図と解説で説明されている。大きさと値段も示され、注文用紙やチケットも綴じこまれていた。

つまりこれは、MANUFACTURE FRANÇAISE D'ARMES & CYCLES社の通販カタログである。鉄川与助のフランス製鉋の刻印は、通販会社の印だったのである。

三冊は表紙にマークが示され、一冊目

は社名の頭文字のMFが月桂樹冠で囲われ、二冊目は葉飾りが簡略化し、三冊目は二重円に変わる。発行年のちがいで、マークが異なっている。ただし、鉄川与助の鉋の刻印はいずれとも合わない。

一九三五年版カタログの大工道具の頁を見ると、見開き二頁に鉋が紹介されている。鉄川与助の鉋に合いそうなものもある。カタログの冒頭には、会社の歴史や社屋のイラストもある。創業は一八八五年で、本社はロワール地方のサンテチエンヌにあって、大規模な工場も併設している。フランス全土の九都市に支店も展開し、パリ、ボルドー、ナンツ、マルセイユ、リール、リヨン、ナンシー、ルーアン、ツールーズの各店の外観が緻密な銅版画で紹介されている。

一九六二年版になると支店が十五店に増え、トロワにも支店ができている。トロワ店はRépublique（レピュブリック）通りにあった。建物はいまも残っていて、一階に眼鏡店が入る（図３－⑪）。一九六二年版になると、店舗外観はイラストから写真に変わる。三時期のカタログを通じて出版技術の変化も見ることができる。いずれの時代のカタログも、図版がたいへん充実している。

【３－⑫】MANUFACTURE FRANÇAISE D'ARMES & CYCLES社カタログ表紙 1910年版（2009年復刻版）

【３－⑪】マニュフランス社トロワ支店のあった建物

マニュフランス社の歴史

カタログ復刻と古写真集出版

長崎に戻り、トロワの図書館で見たカタログが手に入らないか調べてみた。すると、一八九四年版と一九一〇年版が二〇〇九年に復刻されたところだった（図３－⑫）。さらに、マニュフランス社のあったサンテチエンヌでは、二〇一一年五月から翌年二月にかけて、"C'était Manufrance. Un siècle d'innovation : 1885-1985（マニュフランス社―技術革新の一世紀：一八八五―一九八五）"と題する大がかりな展覧会が開かれる予定で、同じタイトルの豪華写真集が二〇一〇年に出版されていた。これらを取りよせて、マニュフランス社の歴史を探った。

①創業と革新（一八八五～一八九三）

マニュフランス社は、一八八五年にエティエンヌ・ミマード（Étienne Mimard）とピエール・バラコン（Pierre Balachon）によって設立された。当初の社名は、MANUFACTURE FRANÇAISE D'ARMES DE SAINT-ÉTIENNEすなわち「サンテチエンヌにおけるフランス製の猟銃製造会社」の意であった。

創業地は、サンテチエンヌ市街地北部のジャヴラン・パニョン通りで、一八六四年に建設されたManufacture National d'armes de Saint-Étienne（サンテチエンヌ国立武器工場）の跡地である。敷地の広さは二万二千平方《メートル》あり、六百六十馬力の蒸気機関を備えた近代的な工場であった。一年に二十万丁の銃をつくれる規模を誇ったが、一八七〇年に起きたフランス＝プロイセン戦争の敗北によって、閉鎖せざるをえなくなる。マニュフランス社は、その跡地を引きついで一八八五年に創業した。当初の社名は、前身の工場名を社名に冠したのである。

　ミマードとバラコンは、創業当初から、商品カタログを作成し、通信や販売店を通じて商品を販売する方法を選んだ。いまでいうカタログショッピングである。その発想は、アメリカのシカゴで一八七二年に創業したMontgomery Ward & Co.（モンゴメリ・ワード社）から得た。同社は世界初のカタログ通販会社だった。

【3－⑬】マニュフランス社パリ支店（トロワ道具博物館所蔵1935年版カタログより）

　モンゴメリ・ワード社は、通販による直接販売によって中間マージンを省き、大都市でなくても、適正価格で良質な商品を購入できることを目指した。最初のカタログは、大きさ縦三十センチ、横二十センチの紙に、約百五十点の商品名と価格の一覧が掲載されたものだった。数年後、購入者にわかりやすいように、カタログに商品イラストと解説を充実させたところ、売り上げを伸ばした。同社の一八九五年版春夏号の復刻版を見ると、カタログは六百二十四頁に及び、約四千種、二万五千点の商品を紹介する。各商品には、精巧なイラストと簡潔な解説が添えられている。表紙には、アメリカ合衆国最大の通販会社、世界中から取りよせたすべての貿易品を届けます、と謳《うた》う。Japanese Silk や Japanese Napkins も収録され、日本製の絹布や紙ナプキンも取り扱っていた。

　マニュフランス社はモンゴメリ・ワード社の成功を受けて、当初から、豊富なイラストと商品紹介に加え、詳細な使い方までカタログに記した。モンゴメリ・ワード社と異なるのは、同社が商品を仕入れて販売したのに対し、マニュフランス社は商品を自社で製造し、販売した点である。こうして、マニュフランス社は、ヨーロッパ初のカタログ通販会社として誕生した。

　カタログには、一八八七年からHirondelle（イロンデル　ツバメの意）と名づけられた自転車が、一八九三年には釣道具が追加され、新たな興味を呼ぶ商品が加わった。

　カタログに掲載するイラストの作成に当たっては、商品に照明を当てて正面から撮影し、その写真をもとに版画を起こして印刷原稿とした。商品の使い方の紹介にいたっては、ミマード自身がモデルとなって、銃を構えたり、自転車を漕ぎだしたりした写真を撮影している。経営者自身がトップセールスマンを務めた。

　一八九二年には、最初の支店がパリに開店した（図3－⑬）。いまも、パリのルーヴル通り四十二番地に、当時の建物が残る（図3－⑭）。

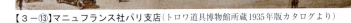

②工場建設と機械化（一八九四～一九〇八）

　一八九四年、マニュフランス社は、新しい工場用地をサンテチエンヌ市街地南東のFauriel（フォリエル）に得て、新社屋

【３－⑭】旧マニュフランス社パリ支店　現在の外観

を完成させる。一八九四年版のカタログは、新社屋完成に合わせてつくられたものだった。イラストの描写から、新社屋の様子が読みとれる（図３－⑮）。

新社屋は、道路に面する側に細長いルネサンス風の大ホールを建て、背面にガラス屋根の発電所、さらに背面に鋸《のこぎり》屋根（鋸の歯のような形をした屋根。垂直面にガラスを入れ、均等な光を内部に取り入れる。工場などで多用された）が連続する工場を配した。大ホールは二階建てで、正面中央と左右の両脇に大きな半円アーチのガラス窓を開く。

【３－⑮】1894年のマニュフランス社の社屋全容（産業芸術博物館所蔵）

中央部には両脇から二階にあがる階段を備え、中二階にはテラスもつく。軒上には、「MANUFACTURE FRANÇAISE D'ARMES」の社名が刻まれ、翼を広げた鷲が軒の両脇に飾られている。ここが新社屋の象徴的な外観だった。

大ホールの二階は二層分の吹抜けで、天窓から差し込む明かりで広い内部空間は明るい。床から壁面まで商品がぎっしりと陳列され、発注に応えていた。一階は、車が出入りする様子から、梱包と発送を担ったようである。

工場は、旋盤や穿孔の加工機械がずらりと並び、商品の製造をおこなった。機械は天井からベルトで動力が伝わるようになっていた。大ホールと工場のあいだに、黒煙を吐く煙突と給水塔と発電所が見える。動力は蒸気機関を用いた。製造するのは猟銃や自転車で、部品ごとに加工し、製品に組みたてた。予備の部品も大量に生産された。製造コストの縮小とカタログによる直接販売は、Simplex（サンプレックス）と名づけられたライフル銃と、自転車の普及に大きく貢献した。

一八九四年版のカタログは、大きさは横十三センチに縦二十二・五センチで、四百十四頁ある。猟銃と弾丸、自転車、釣道具、関連する付属品や交換部品など、約三千二百点の商品が紹介されている。発行部数は、一八九一年の二十五万部から、一九〇五年には四十三万部に増えた。

一八九八年に、中央階段にミマードとバラコンのほか、大勢の社員が並んで撮影した集合写真がある。男性だけでなく女性の姿も多い。サンテチエンヌはリヨンの郊外にあるが、そのリヨンに映画の父、リュミエール兄弟の博物館がある。彼らが最初に撮影した映画は『工場の出口』（一八九五年）で、映画会社の工場から帰宅する女性たちを撮影したものとして

【3－⑯】1911年頃のMANUFRANCE社の社屋全容（トロワ道具博物館所蔵1935年版カタログより）

知られる。これと同じ光景がここでも展開したと想像される。

一八九九年から一九〇二年にかけて、社屋の増築がおこなわれた。大ホールと工場が拡張され、発電所も大ホールのつづきに新設された。増築によって、工場の面積は四万平方メートルに及び、照明と全館暖房を備えていた（図3－⑯）。また、自転車の販売部門を強化するため、一九〇二年に社名をMANUFACTURE FRANÇAISE D'ARMES & CYCLESに変更した。銃製造に加え、自転車製造を社名に冠したのである。

一九〇六年には、OMNIA（オムニア）と名づけられたミシンが主力商品に加わった。またこのころには、海外に三百五十箇所を越える拠点をもつまでになった。

③経営改革（一九〇九～一九二〇）

ミマードは、アメリカで提唱されはじめたファヨールの管理過程論、テイラーの科学的管理法、フォードの人間関係論から発想を得て、二千人の従業員の仕事を再編した。再編は、技術設計部門を拡充させながら、製造工程の合理化を図るものだった。

一九一一年、二千万フランを資本金として、有限会社MANUFRANCE社を設立し、新たに管理棟を建設した。ここでは、三百人のタイピストを含む千人の従業員が働き、毎日、五、六千件の受注に応えることができた。一九一〇年版のカタログには九百四十頁に五万点の商品が収録されている。

培われてきた銃の技術は、一九一三年に生産がはじまった頑強なライフル銃に結実する。銃の製造は第一次世界大戦に向けて生産が整えられていった。このころは多くの女性の雇用を生みだした。一九一〇年に撮影された写真を見ると、薬莢《やっきょう》に火薬を詰める作業、自転車の車輪にスポークを取りつける作業、タイプ打ち作業、注文受付や発送梱包は女性が担っている。

④戦争と戦後（一九二一～一九四六）

第一次大戦後、フランスにおける一九二〇年代の景気後退は経営を圧迫していった。マニュフランス社は活路を大量生産に見いだし、一九二八年と一九三五年の二期工事からなる工場を新設する。鉄筋コンクリート造六階建てで、最終の建物の長さは二百五十メートルに及んだ（図3－⑰）。工場の床面積は二十万平方メートルに及び、堂々たる生産能力を誇った。

しかし、第二次大戦後、金融、商業、産業の転換によって、工場の製造工程が

【３－⑰】1940年頃のMANUFRANCE社の社屋全容（トロワ道具博物館所蔵1958年版カタログより）

時代遅れになり、多くの課題を抱えた。一九四四年に創業者のミマードが死去したことも打撃だった。

⑤経済成長と終焉（一九四七〜一九八五）

フランスは第二次大戦後、国内総生産を四倍に伸ばす栄光の三十年を迎える。マニュフランス社も、政府指導による国土の均衡ある発展の一端を担った。一九四七年、経営を株式会社に移行し、経営の現代化を目指した。技術デザイン部門は、新しい豊かな生活につながる機能を商品に付加し、冷蔵庫や洗濯機などの家庭電化製品の開発にも取りくんだ。

しかし経営は、価格競争、輸出制限、日本を含む低賃金国との競争にさらされる。一九六〇年代以降、経営は好転せず、赤字が累積した。一九七九年、リヨン裁判所から、清算手続きの宣告を受ける。一九八五年、百年にわたったマニュフランス社は、終焉を迎えた。

鉄川与助の溝鉋の製作年代

マニュフランス社の歴史をくわしく見てきたのは、鉄川与助の溝鉋がいつつくられたかを探るためである。鉋には、MANUFACTURE FRANÇAISE D'ARMES ET CYCLES DE SAINT-ÉTIENNEと刻印がある。マニュフランス社がこの社名を名乗ったのは、ET CYCLESを社名に加える一九〇二年から有限会社MANUFRANCE社に改称する一九一一年のあいだである。鉋の製造期間はこの期間に定めることができる。

一九一〇年版のカタログに、商品に付された五種のマークが紹介されている。五種のデザインは、猟銃（交差した薬莢を矢が貫きMFの文字）、自転車（社名Hirondelle・〈ツバメ〉の文字とイラスト）、ミシン（二重円に社名、中央にOMNIAの文字）、タイプライター（二重円に社名、中央にTYPOの文字）、アクセサリー（二重円に社名、図3－⑱）からなる。鉋に付されたのは最後のマークで、マークが一致することからもこのころの商品と確認できる。マークには、「商品の形や大きさを確認できるように、このマークを付す」と説明されている。ただし、アクセサリーには他社から仕入れてマークを付したものもあったようである。

与助は一九〇二年完成の旧曽根教会堂で、フランス人神父ペルー氏のもとで初めて教会建設に携わり、一九一一年から四年間は旧長崎大司教館の建設をド・ロ神父に手ほどきを受けて竣工させた。ド・ロ神父が建築に長《た》けていたこと、多くの道具をフランスなどからもたらした

【３－⑱】1910年版カタログ掲載のアクセサリーに付されたマーク

ことは知られる。この鉋もそのような経緯で与助に伝わったと考えられる。

一九一〇年発行のマニュフランス社カタログの七三六頁に、"RABOTS EN CORMIER"が紹介されている（図3－⑲）。

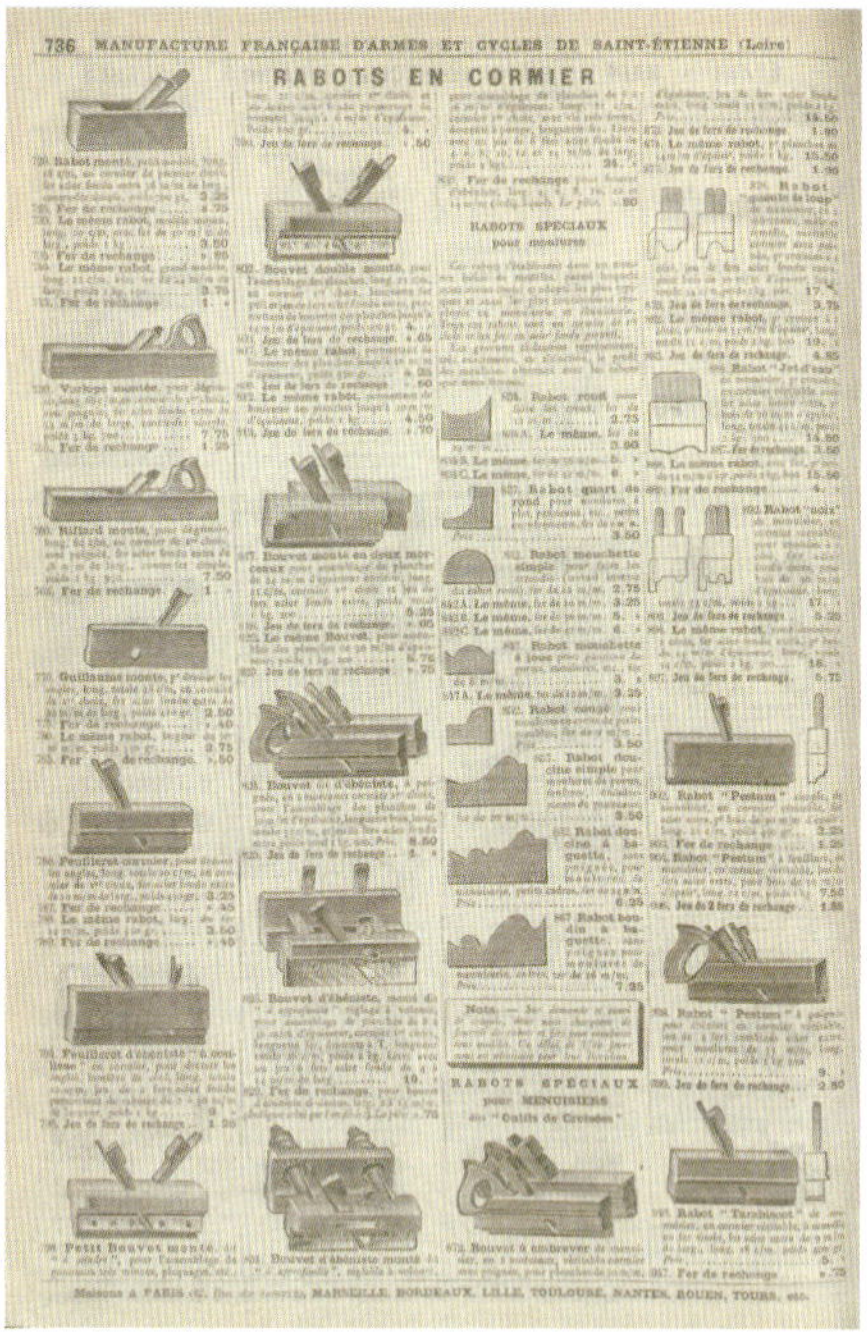

【３－⑲】1910年発行マニュフランス社カタログのナナカマド製鉋の頁

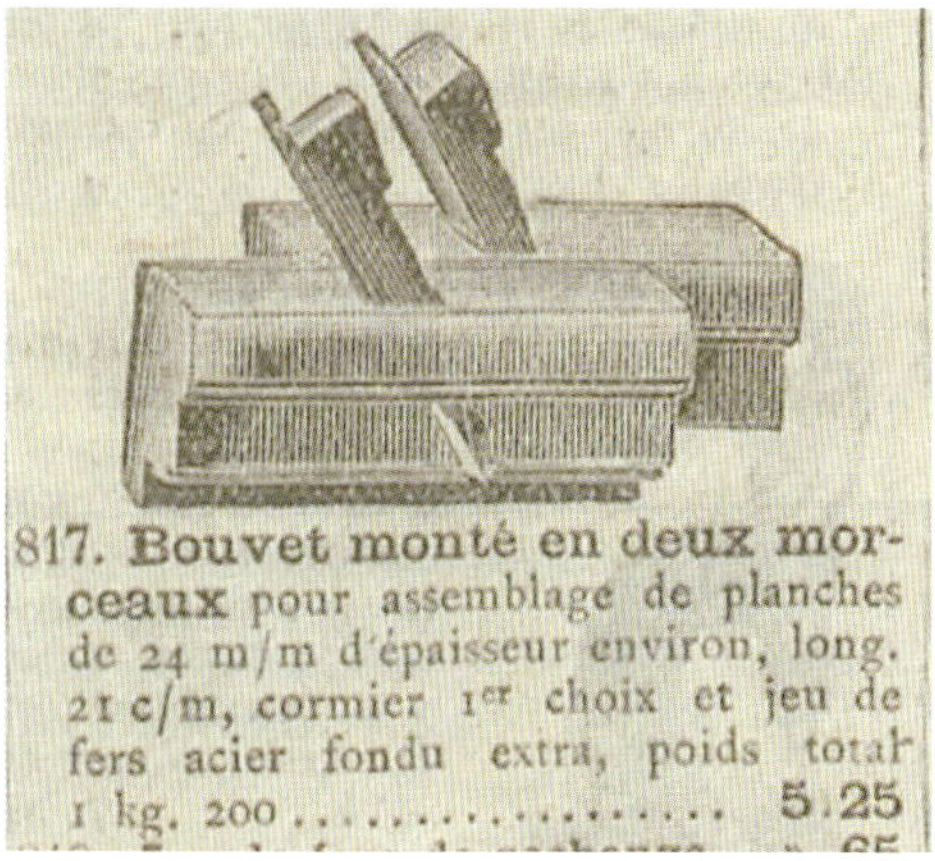

【３－⑳】図3-⑲の頁のNo.817溝鉋、鉄川与助大工道具のフランス製鉋はこれに近い。

RABOTは鉋、CORMIERはナナカマドのことで、ナナカマド製鉋の頁である。ナナカマドは、日本のナナカマドとは別種の、西洋ナナカマドのことであろう。材質は堅く、磨耗に強く、赤味を帯びている。

鉋の削り形状と大きさから、この頁のNo.817の溝鉋が鉄川与助のものに近い（図3－⑳）。製品名にBouvet monté en deux morceaux（二つの溝鉋）とあり、二個一対で販売していたようである。⑨溝鉋の実測時に、鉋左側面の上部が削り取られていることが確認できた。図の手前側がその面で、図のように、当初は刃の差込部が台に隠れるようになっていた。そのほうが、刃を固定する上でも安全の上でもよい。

一九一〇年のカタログによると、販売はフランス国内の支店に加え、ヨーロッパ、アジア、アフリカ、南米の各地の代理店が窓口となった。アジアの中に日本の代理店として大阪と横浜があり、日本でも取引可能だった。

先の七三六頁の鉋はいずれも、寸法、重量、材質、ハンドルの形、刃の向き、刃押え、削り形状などが示されている。実物を手に取らなくても、どんな鉋かを理解することができる。頁左上のNo.720の鉋は、鉄川与助の②内丸鉋に姿がよく似ている。刃押えが木製なのも一致する。もし与助がカタログを見る機会があれば、詳細なイラストから、道具をつくることも可能だったに違いない。イラストと道具の一致は、そんな想像を膨らませる。

サンテチエンヌへ

「行き先はあってますか」

二〇一二年（平成二十四）八月、サンテチエンヌを訪ねた。サンテチエンヌの綴りはSaint-Étienneで、聖人エチエンヌに因む。フランス第二の都市のリヨンから南西に約五十キロの距離に位置する。ロワール県の県庁所在地で、人口は約十七万人、周辺の都市共同体まで含めると人口は約四十万人である。

前夜にリヨンに宿泊し、翌日朝、リヨン・パールデュー駅でサンテチエンヌ行きの列車に乗車した。出発を待っていると、フランス人のご婦人が近づいてきて、「この列車はサンテチエンヌに行くけれど大丈夫ですか」と声をかけてくれた。夏の長期休暇期間で、スイスやイタリアに向かう列車には大勢の人が乗りこむ。しかし、サンテチエンヌ行きは空席が多い。彼女は私がまちがった列車に乗っているのではと気づかってくれたのだ。

リヨンから一時間弱でサンテチエンヌ・シャトークルー駅に到着した。駅舎は一八八五年の建設で、外観は茶色の屋根で愛らしく、小豆《あずき》色に塗装された壁面の鉄骨格子《こうし》が印象的である（図3－㉑）。正面に大きな縦長の窓が三面あり、壁面の格子には黄土《おうど》、茶、藍色の煉瓦《れんが》がモザイク状にはめ込まれている。この外観は一九一〇年版のカタログにも紹介されている。カタログでは、駅前広場にマニュフランス社のトラックが列をなし、荷台には、木箱に梱包された商品が満載されていた。商品はこの駅舎から列車で各地に出荷されたのである。現在の駅前広場は市内に向かうトラム（路面電車）の乗り場がある。

【３－㉑】サンテチエンヌ・シャトークルー駅外観

【３－㉒】産業芸術博物館外観

トラムで、産業芸術博物館（Musée d'Art et d'Industrie）に向かう（図3－㉒）。一年前にマニュフランス社の大がかりな特別展が開催された博物館である。四階建ての建物は、一八六一年の完成で、二〇〇三年に全面改修された。博物館としての開館は一八八九年で、現在は階ごとに常設展示が構成されている。正面階段を上って二階がエントランスホールで、ここにリボンの展示、最上階の四階に武器、一階に自転車の展示がある。リボン、武器、自転車。これらがなぜサンテチエンヌの産業芸術なのだろうか。サンテチエンヌの地理と歴史背景を紹介しておこう。

サンテチエンヌの地理と歴史

サンテチエンヌは、平均標高四百メートルに位置する。十二世紀には、この地域で産出される資源を使って、武器の製造がはじまった。ナイフにはじまり、刀剣、甲冑、小銃、ライフル銃などあらゆる武器を職人が手がけた。十六世紀には職人たちの腕のよさが、フランス王室に知られるようになる。一七六四年にはルイ十五世によって王立武器製作所が設立され、フランス革命期にはArmeville（武器の町）と呼ばれた。十九世紀に入ると、

【３－㉓】リボンの織機（産業芸術博物館所蔵）

良質な炭田の発見によって採炭業が成長し、蒸気機関を利用した大規模なマニュファクチュア（工場制手工業）の導入に至る。一八二七年には、石炭を輸送するためのフランス最初の鉄道も開通する。

絹織物の町リヨンに近く、王室との関係も深かったことから、もうひとつのマニュファクチュアとして十七世紀にはじまったのがリボンの製造である。貴人の衣服には多くのリボンが結ばれ、流行をリードした。

そして十九世紀後半にはじまったのが自転車の製造である。職人たちが得意とした鉄の加工技術は、一八六八年にフランス第一号の自転車を誕生させる。より早く、より安全に改良を重ねられた自転車は大量生産の波にのって広く普及した。マニュフランス社の社名に、武器と自転車が謳《うた》われていたのも、この町の歴史を知るとうなずける。しかし、一九六〇年代以降、いずれも生産がふるわなくなる。

【３－㉔】銃の刻印一覧（産業芸術博物館所蔵）

産業芸術博物館

産業芸術博物館では、武器、リボン、自転車の製造隆盛期を、豊富な展示を通して紹介する。

博物館二階のリボンの展示では、十九世紀にさかのぼる織機の実演（図３－㉓）と百五十万点に及ぶ見本を見せる。リボンというと細いテープ状のものを想像するが、幅も長さも多様である。首に巻くストールや、タペストリーまであり、光

【３－㉖】1911年の社屋増築時の掛け時計（左）とネジ巻（右）（産業芸術博物館所蔵）

【３－㉕】マニュフランス社創業者ミマードの胸像（産業芸術博物館所蔵）

沢のある絹糸で織られたリボンは、レースや刺繍飾りのようである。

四階の武器のフロアは、十七世紀から二十世紀に製造された刀、甲冑《かっちゅう》、銃などが展示されている。二十世紀には、フランスで製造されるライフル銃の七割がマニュフランス社で製造された。銃には、サンテチエンヌの頭文字S・E等が刻印され、時代や製造者が一覧に整理されていた（図3－㉔）。マニュフランス社が自社製品に商標をつけていたのも、これと同じである。壁面にはマニュフランス社創業者ミマードの胸像（図3－㉕）、一八九四年の社屋風景絵画、一九一一年の社屋に飾られていた掛け時計とネジ巻きなどが展示されている（図3－㉖）。ネジ巻きは縦横に五十個が並ぶ。一九一一年は、社屋を増築した時期である。大勢の労働者にとって、正確な時を刻む時計は欠かせない存在だったろう。

【３－㉗】自転車の展示（産業芸術博物館所蔵）

【３－㉘】マニュフランス社旧大ホール（1894、1902）、階段上にMANUFRANCEとあり、現在ビジネススクール

一階の自転車のフロアはヴォールト状の空間に一八六八年に誕生した自転車から、二十世紀末までの自転車が並ぶ。（図3－㉗）マニュフランス社が生み出したHirondelleシリーズも多く含まれていた。

産業芸術博物館は、一九八六年からマニュフランス社が保管していた一万点に及ぶ写真やネガを分類調査してきた。二〇一一年に開催された展覧会は、その調査成果を広く普及させるものであったという。先のリボンの見本数も世界一を誇るという。博物館の所蔵する豊富なアーカイブに基づく常設展示は、説得力に優れている。

マニュフランス社の跡地を訪ねて

つぎに、マニュフランス社の跡地はどうなっているのだろうかと訪ねた。芸術産業博物館からは、南東に一・五キロの距離に位置する。フォリエル広場と名づけられた幅の広い道路を歩いていくと途中から上り坂になり、左手に、道路に南面して、マニュフランス社の長い社屋が現われた（図3－㉘）。カタログで何度も見た、ルネサンス風外観の大ホールと呼ばれた建物である。両袖からのぼる階段も、二箇所に残る。左手の西側の階段が一八九四年に建設した部分で古い。階段を登ってみると、入口両脇を飾る柱のうち左手左側の柱に、"L.LAMAIZIERE ARCHITECTE 1893-1894"と刻まれている（図3－㉙）。建物の一八九四年完成を裏づける。マニュフランス社の社屋が旧地からここに移って最初に建てられた棟である。

【３－㉙】旧大ホール玄関脇の刻銘「L. LAMAIZIERE ARCHITECTE 1893-1894」

建築家ラマジール親子による街づくり

L.LAMAIZIEREは、レオン・ラマジール（Leon Lamaiziere 一八五五～一九四二）で、一八七四年にサンテチエンヌの建築事務所に製図工として入った後、一八七九年に建築家に任命され、一八八五年にサンテチエンヌ市のチーフ・アーキテクトとなった人物である。

芸術産業博物館の展示によると、この大ホールのほか、同時期に背後に建設されたノコギリ屋根の工場、一九〇二年建設の発電室、一九二八年と一九三五年の二時期にわたって完成したRC造の工場に至るまで、マニュフランス社の社屋はすべてラマジールが手がけている。いずれも大規模な建物ながら工場全体で統一が取れていたのは同じ建築家が監修していたからである。

ラマジールは創業者ミマードの邸宅（一八九三～一八九四）の設計にも携わっている。ミマードの大きな信頼を得ていた。息子のマルセル（Marcel 一八七九～一九二三）

【３－㉚】サンテチエンヌのガンベッタ通り、左のドームのある建物が、ラマジール親子設計のヌーベル・ギャラリー（1895）

【３－㉛】マニュフランス社旧管理棟（1911）、現在ビジネススクール

も建築家であった。サンテチエンヌの中心部に建つヌーベルギャラリー（Nouvelles-Galeries 一八九四〜一八九五）は息子と手がけたもので、この完成によって建築家としての名声を確立した（図3－㉚）。

ほかにも個人邸宅、集合住宅、公営住宅、工場建築、公共建築、店舗、病院、ホテルなどを多く手がけ、十九世紀から二十世紀の変わり目にサンテチエンヌの都市景観をつくりあげた建築家として知られる。サンテチエンヌ市街地北部には、彼の名を付した通りもある。

【3－㉜】マニュフランス社旧発電所、現在テレサービス

一九八八年には、サンテチエンヌ市の公文書館に、ラマジール親子の五万点に及ぶ建築資料が収蔵された。サンテチエンヌの都市形成史や鉄とガラスで構成された建築群を知る貴重な資料である。

現存するマニュフランス社の建物

建築家ラマジールが一八九四年から一九三五年まで手がけたマニュフランス社の社屋のうち、大ホールのほかにどの建物が残っているか、敷地内を歩きまわって確認する。すると、ノコギリ屋根

【3－㉝】マニュフランス社旧ＲＣ造工場（1928、1935）
中央から東側部外観、現在は会議場・サンテチエンヌ国立高等鉱業学校・メトロポール開発庁

の工場以外はすべて残っていた。現在はマニュフランス社の所有ではないので、各建物にちがう組織が入っている。管理棟にはビジネススクール（図3－㉛）、発電所にはテレサービス（図3－㉜）、RC造の六階建て工場は、中央部はホールを増築して会議場に、西側部は貯蓄銀行に、東側部はサンテチエンヌ国立高等鉱業学校のコンピュータサイエンス部門とサンテチエンヌメトロポール開発庁が入る（図3－㉝）。ノコギリ屋根工場の跡地は広い中庭となって、中央にドーム型のプラネ

【3－㉞】旧管理棟外観上部、MANUFACTURE FRANÇAISE D'ARMES & CYCLESとあり

タリウムが、東側に商工産業会議所の建物が新設されている。

　建物の用途は変わっているが、マニュフランス社の社章をいまも建物外観に残している点は興味深い。大ホールの二ヵ所の階段上部にはMANUFRANCEとある。西側部は一八九四年版カタログにMANUFACTURE FRANÇAISE D'ARMESとあったが、その後社名の変更にともなって変えたのだろう。一九一一年建設の管理棟には、MANUFACTURE FRANÇAISE D'ARMES & CYCLESとあり、これは当初のままである（図3－㉞）。RC造工場の最上階の破風には月桂冠で囲まれたMFの文字が三箇所につく（図3－㉟）。一九三五年版のカタログ表紙を飾っていたマークである。

　マニュフランス社の跡地を訪ねて、建物がよく残っていることに驚いた。羨ましくもあった。

【3－㉟】旧RC造工場の破風飾り、月桂冠に囲まれたMF

日本の近代産業関連遺産

　以前、富士山麓の駿河小山で、この町の近代化に大きく貢献した富士紡績の迎賓施設、豊門《ほうもん》会館の調査をしたことがある。迎賓施設の建物は富士紡績の中興の祖である和田豊治《わだとよじ》（一八六一〈文久元〉～一九二四〈大正十三〉）の東京向島にあった自邸を移築したものだった。向島での建設は一九〇九年、小山への移築は一九二五年（大正十四）である。当初の設計も移築も和田豊治と知己であった清水釘吉（清水組五代目社長、一八六七〈慶応三〉～一九四八〈昭和二十三〉）が手がけた。

　富士紡績の工場はどうなっているのか小山町にたずねると、現在残るのは工場入口に架けられた森村橋（一九〇六）だけで、あとは更地にして工場誘致敷地として分譲したという。古い写真を見ると、ノコギリ屋根の大きな工場が斜面の上段と下段に建ち、事務所、大食堂、病院、寄宿舎、社宅などが建ち並んでいた。これらの建設も清水組が手がけた。工場は二〇〇一年（平成十三）まであったという。町はその後、豊門会館の建物と公園を富士紡績から取得し、駿河小山の近代化を物語る存在として維持継承することを決めた。町にとっては勇気ある決断だったと想像される。あわせて工場群も残っていたら、様々な物語が紡げただろうにと少し残念である。

【3－㊱】デザインの街、正面外観

【３－㊲】国立武器工場完成時の1869年のプレート

　確かに日本国内の近代工場のいくつかは有効に活用されている。名古屋駅からほど近いところにあるトヨタ産業技術記念館は、豊田織機の開発工場をトヨタの織機から自動車までの技術発展の歴史を見せる博物館としてリニューアルした。織機はすべて稼働する状態で展示され、人気である。倉敷の倉敷紡績の工場は、ホテルアイビースクエアや記念館に活用されて残る。アイビースクエアの開業は一九七三年（昭和四十八）で、ホテルになってからすでに半世紀近く経過する。札幌

【３－㊳】国立武器工場の建物の一部

のサッポロビール園は、大正時代のビール仕込み蔵を活用したものである。赤煉瓦の空間にファンが多い。これらはいずれも、創業から現在まで同系の経営者が途ぎれなくつづいている。創業地の建物の活用を図ることが企業イメージにつながるのである。

　マニュフランス社の旧社屋には、教育機関や会議場などの公共的な色合いの組織が入る。跡地の活用に、市が関わっていることがうかがえる。建物を公共の財産として活かすほうが、将来的な市の利

【３－㊴】内部は滞在型創作活動スペース

益につながるとの判断なのだろう。

一八九四年以前のマニュフランス社跡地

　一八九四年以前のマニュフランス社は、サンテチエンヌ国立武器工場の跡地にあった。現在その場所は、デザインの街（La Cité du Design）と名づけられている（図３－㊱）。四年間の整備期間を経て二〇〇九年から一般に開放され、二〇一〇年からはデザインの街とサンテチエンヌ美術デザイン高等学校が開設した。ビエンナーレのような世界的なデザ

イン活動の拠点にもなっている。

　産業芸術博物館に展示されていた一八六九年建設の武器工場の平面図と比較すると、敷地と建物はほぼ全容が残る。正面中央に建設年の「1869」のプレートがはまる建物は（図3－㊲、㊳）、工場時代はアトリエだった。その空間を生かして、オフィス、研究室、出版部門、芸術家の滞在型創作活動スペース（図3－㊴）などに利用する。この建物の前面にプラティーヌ（Platine）と名付けられた多目的スペースと展望タワーが新設されている（図3－㊵）。敷地幅一杯にプラティーヌが建ったことによって十九世紀の工場群が隠れたのは残念だが、その分内部は充実する。約千平方メートルの大展示室を二室（図3－㊶）、講義室や大ホール、メディアセンター、チケット販売、学生用売店、レストランなどを備える。一般の人も気軽に利用できる。

【3－㊵】武器工場のアトリエ（左）とプラティーヌ（右）

ル・コルビュジェの建築群

　サンテチエンヌ市がデザインの街を設立したのは、マニュフランス社の斜陽や炭鉱の閉山によって寂れた町の再興のために、デザインによる街づくりに力を注いだことを示す。

　デザインによる街づくりで、世界的に知られる動きが、二十一世紀に入ってはじまった、サンテチエンヌ郊外のフェルミニにある建築家ル・コルビュジェのサン・ピエール教会の二十五年ぶりの工事再開である。

　サン・ピエール教会は、コルビュジェの三つ目の教会として一九六〇年に設計がスタートし、コルビュジェ死後の

【3－㊶】プラティーヌ内部の展示スペース

【3－㊷】フェルミニに向かうLE CORBUSIER行きのバス

一九七一年に着工した。しかし、教会の基壇まで完成したところで、建設費の高騰や資金難のため、一九七八年に工事は中断した。それはこの地域の産業地盤が弱体化した姿でもあった。再開は二〇〇一年で、工事の権利を所有していた教会信者団体が、権利をサンテチエンヌ市地方共同体に寄付し、国・県・EUの資金も得て、二〇〇四年に工事が再開し、コルビュジェの残した図面をもとに二〇〇六年に竣工した。

　フェルミニへは、サンテチエンヌ市街地南のベルビュー広場からLE CORBUSIER行きのバスで向かう（図3－㊷）。フェルミニまで約三十分。道中の車窓からは、炭鉱跡らしき施設が見える。バスは、サン・ピエール教会の足元が終着だった（図3－㊸）。教会のほかに、文化と青少年の家、スタジアム、ユニテ・ダビタシオンがある。いずれもコルビュジェの晩年の設計で、没後の一九六五～一九六八年に完成した。ヨーロッパでは最大規模のコルビュジェ建築群である。

【３－㊸】サン・ピエール教会外観

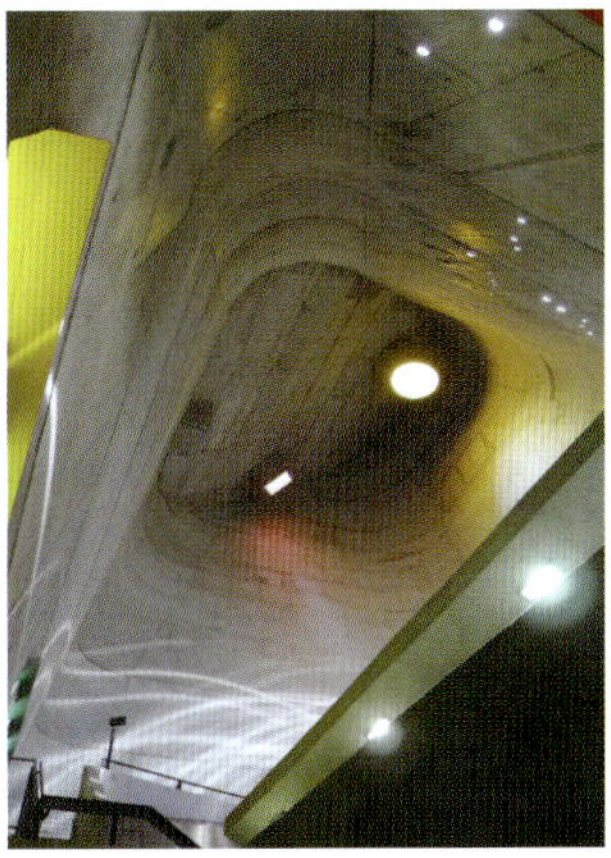
【３－㊹】サン・ピエール教会内観。別名「井戸の建築」

【３－㊺】サン・ピエール教会内観。祭壇背面からこぼれ落ちる日の光

　これらの建築は、戦後にフランス建設復興大臣を務めたクロディウス・プティが、ニューヨーク行きの客船でコルビュジェと出会ったことがきっかけだったという。一九五三年にフェルミニ市長にプティが就任すると、労働者の生活改善を目指した新しい都市計画をコルビュジェに依頼することになった。

　各建物を見てまわる。サン・ピエール教会は、別名「井戸の建築」とも呼ばれる。外観はコンクリートの変形四角錐《すい》の頂部を斜めに切り取ったような姿をして

【３－㊻】文化と青年の家外観

【3－㊼】文化と青年の家内観。暖炉

【3－㊽】ユニテ・ダビタシオン外観

いる。これが内部に入ると、光と色の空間に変わる。斜めに切り取った天井面に丸と四角の筒が挿入され、筒の内壁に塗った赤と黄色がステンドグラスのような効果となって、色づいた光を室内に満たす（図3－㊹）。確かに井戸の底から見上げているようである。祭壇背面の壁面には小さな穴が開けられ、日の光が星のまたたきのように見える（図3－㊺）。光の軌跡は室内の壁や床に反射し、刻々と動いていく。しばし光を見つめていたら、家族連れが入ってきた。お父さんが賛美歌を口ずさむ。反響が素晴らしい。光と音に包まれる空間である。

　教会の一階には、コルビュジェが提唱した近代建築五原則のパネル展示があった。ピロティ、水平な連続窓、自由な平面、自由な立面、屋上庭園。日本の建築系大学でも必ず習う五原則である。これらの実際が、文化と青年の家（図3－㊻、㊼）、ユニテ・ダビタシオン（図3－㊽、㊾）で見ることができる。夢中で写真を撮る。

　どの建物も鉄筋コンクリートの打ちっ放し仕上げだが、要所に赤・青・緑・黄色の塗装が効果的に使われている。ユニテ・ダビタシオンはメゾネット形式の集合住宅だが、ベランダの内壁や天井に色を着けるのである。学生時代に習ったコルビュジェの印象は、白の建築で無機質なイメージを受けたが、実際に見ると温かみを感じる。文化と青年の家の吹抜けに設けられた暖炉スペースは、魅力的だった。

デザインによる街づくり

　これらデザインに力を注いだ街づくりによって、サンテチエンヌは二〇一〇年にユネスコ創造都市ネットワークのデザイン都市に選ばれた。滞在中、どのパンフレットにも、ギリシャ神殿を模ったユネスコのマークと〝Ville de design Saint-Etienne〟のロゴが誇らしげに刷り込まれていた。

　マニュフランス社のあったサンテチエンヌを訪ねたのは、鉄川与助のフランス製鉋が、どんな場所から来たのか見てみ

【３－㊾】ユニテ・ダビタシオン入口モニュメント。この建物が人体寸法に基づくことを表す

たいと思ったからであった。事前に日本で得られるサンテチエンヌの情報は少なく、行ってみればなんとかなるだろうと飛行機と宿泊の予約だけして向かった。産業芸術博物館でマニュフランス社の歴史を町の歩みとともに知ることができ、社屋跡地ではここから製品を世界各地に出荷した当時の建物を確認できた。さらには、マニュフランス社の前身敷地の国立武器工場跡や、最後はコルビュジェの建築群にもたどり着いた。そのいずれもが、往時の様相を留めつつ、現代の都市の文脈のなかで求められる姿になって使われていた。関連する歴史資料や建築資料が近年分類整理され、保管体制が整うとともに、調査が進められているのも高く評価できた。

　日本の地方都市のなかで、明治以降の炭鉱と紡績で一時栄えたものの、その後の斜陽と人口減少に手を打てず、どの方向に進めばよいのか悩んでいる街は少なくない。サンテチエンヌ市は、面積八十平方キロ、人口十七万人である。リヨンで御婦人に呼び止められたように、よく知られる観光地ではない。三日間の滞在中、日本人にはひとりも会わなかった。だが、街の歴史に丁寧に光を当て、資料を充実させ、建物を充分に活用する姿勢は、好感がもてた。

第四章

鉄川与助の鉋の復原と名工たち

「鉋を復原してみたら」の声

鉄川与助の大工道具について、それまでの調査成果を二〇一〇年（平成二十二）三月の日本建築学会九州支部研究発表会で報告した。会場の研究者の反応から、これまでの調査に手応えを感じた。川上秀人近畿大学教授（当時）からは、「刃が失われているとのことだが、鉋《かんな》を復原することはできないか」との質問を受けた。

確かにそうである。台の形状では削り上がった形がおぼろげで、仕上がりの様子がつかめない。私自身が復原はむずかしいと思いこんでいた。取り組んでみる価値はある。渡邉晶氏（竹中大工道具館）に、復原が可能か尋ねたところ、可能だと思うと心強い助言をもらった。

どうやって鉋を復原するか。村松貞次郎氏は『大工道具の歴史』（岩波新書一九七三）で、「道具は自分でつくるもの」と紹介した。鉋は「昔は、そして道具にやかましい大工はいまでも、自分で台を彫る」のだという。となれば、台と刃は別々につくることになる。台は大工に、刃は鍛冶にたのめばよいのだろうか。

長崎県内の手打鍛冶で知られるところに、大村の松原や長崎市蚊焼《かやき》町がある。電話帳で調べて電話すると、背後で刃を鍛える大きな音が聞こえる。電話口の女性に「鉋の刃をつくってもらえますか」とたずねると、「扱うのは包丁や鎌で、それ以外のものはできない」との答えだった。他をあたることにした。

刃は兵庫県三木で、台は長崎で

『大工道具の歴史』によると、西の三木、東の三条が、大工道具生産の主座を占めるという。新潟の三条は、ライデン博所蔵日本大工道具の鋸《のこぎり》銘の「中屋」を追って現地に行ったことがある。三条は鋸の産地のイメージがあった。今回は鉋で、長崎から近いところと、兵庫県の三木を当たることにした。

三木市立金物資料館に電話し、「長崎の教会をつくった大工の鉋を復原してくれる人を探しているのですが」と伝えた。三木には鋸、鑿《のみ》、鉋、鏨《たがね》、金槌《かなづち》、石工具のそれぞれに金物組合の部会があるという。鉋部会の会長で、「常三郎《つねさぶろう》」を銘にする鉋鍛冶三代目の魚住徹氏をご紹介いただいた。さっそく連絡を取って依頼の内容を話した。魚住氏は、「話の内容はわかった。ただ少し時間がほしい。三木と新潟の三条まで含めて知り合いに聞いて、できる人がいないか探したいと思う」との返答だった。待つことにし、そのあいだに鉋の台をつくってくれる人を探した。

台は、前年に上五島の教会堂の調査で知己となった株式会社小島工作所（長崎県諫早市）の松田英和氏が、会社の家具職人のなかでもっともベテランの久保勝彦氏を紹介してくれた（図4－①）。

久保氏は昭和十四年（一九三九）の生まれで、鉋を自身でつくられるという。依

【4－①】久保勝彦氏

頼の内容を話すと、「よかよ」と引き受けてくれた。聞くと、このころ、長崎市外海《そとめ》の旧出津《しつ》救助院の修理工事や上五島で焼損した江袋教会堂の復旧工事が進んでいて、これらの建具や家具の修理も久保氏が手がけているという（図4―②、③）。松田氏が上五島出身だったこともあって、スムーズに話を進めてくださった。ありがたいことだった。

しばし待って、三木の魚住氏に再び連絡する。三条でもいなかったとのことである。鉄川与助の鉋は現在では特殊で、引き受け手が見つからないという。「なかなかむずかしい話だが、鉋をたいせつにしてほしいこと、できるところまででよいならば」の条件付で魚住氏が引き受けてくれることになった。

三木には行ったことがなく、また、電話でのやりとりでは様子がつかめない。なぜ復原がむずかしいのか。三木に行って話を聞いてみたいと思った。鉋をつくる実際を見てみたいとの興味もあった。魚住氏に、「三木を訪ねてよいか」と聞くと、「ふだんは展示会で全国各地に出ていていない」という。「いつならいらっしゃいますか」と聞くと、「十一月に三木で大きな金物まつりをするから、このときならいる」とのことで、金物まつりに合わせて訪ねる約束をした。

兵庫県三木を訪ねる

二〇一一年（平成二十三）の金物まつりは十一月五日、六日の開催だった。まずは金物資料館を見ようと、神戸電鉄三木上の丸駅を降りて商店街を通り抜け、三木城跡に向かう。

【4―②】久保氏が手掛けた旧出津救助院修理工事（修理完成後外観）

【4―③】久保氏が手掛けた江袋教会堂復旧工事（内部の祭壇）

【4―④】三木金物資料館入口

資料館は、三木城本丸跡にある（図4−④）。建物は校倉《あぜくら》つくりの外観で、入口に記念碑が置かれ、唱歌「村の鍛冶屋」のメロディが軽快に流れてきた。「しばしも休まず鎚《つち》打つ響き、飛び散る火花よ走る湯玉、ふいごの風さえ息をもつかず、仕事に精出す村の鍛冶屋」。私もこどものころに口ずさんだ懐かしい唄である。改めて歌詞を見ると、鎚、鞴《ふいご》、鍛冶屋と、いまだからわかる言葉がある。こどものころは、すべてひらがなで、音だけで覚えていた。

【4−⑤】特殊な鉋の展示（三木金物資料館所蔵）

資料館のパンフレットに、建設の経緯がつぎのように説明されている。

〈三木金物は三木市の歴史の主流で、市民の金物に寄せる関心と愛着は極めて強いものがあったが、金物産業も時代の要請につれて伝統産業から機械による生産方法に進み、古来から伝わる製法や金物製品等は散逸のおそれがあるため、これら貴重な資料を収集・保存する設備が切望されていた。昭和四十九年に篤志が寄せられたのを契機に実現を見、昭和五十一年に完成した〉

【4−⑥】金物神社古式鍛錬場

館内には、鋸、鑿、鉋、鏝《こて》、小刀と種類別に、展示ケースと壁面にびっしりと道具が並べられ、充実していた。鉋の展示ケースを見ると、今回復原したい鉋に似たものがあり（図4−⑤）、期待が膨らんだ。

資料館の隣には金物神社があり、鍛冶、製鋼、鋳物の祖神を祀る。神社の手前には、注連縄《しめなわ》を張った覆屋があり、古式鍛錬場の額がかかる（図4−⑥）。説明板によると、毎月第一日曜日に三木金物古式鍛錬技術保存会によって実演がおこなわれるという。小刀、鑿、鋸、鉋、鏝と五つの部会が月替わりで当番を務めている。資料館の周辺を見るだけでも、三木が金物の町で、その歴史をたいせつにしていることが伝わってきた。

資料館まで魚住氏が出迎えてくださり、常三郎の工場に向かった（図4−⑦、⑧）。途中、明後日からはじまる金物まつりの会場を通過する。市役所前の広い駐車場にテントを準備していた。資料館のすぐ裏手ながら、急に視界が開け、役所の建物も会場も規模が大きいのに驚く。魚住氏によると、金物の産地に来てもらいたい、刃物で人を呼びたいと、昭和二十七年（一九五二）に三木金物見本市としてはじまったという。途中、金物振興展と呼ばれ、昭和五十九年（一九八四）

【４－⑦】魚住徹氏

【４－⑧】常三郎工場外観。右端の建物が鞴のある小屋

からは金物まつりとなってつづいている。魚住氏もこの日の午前中、市役所の玄関ホールに金物鷲の展示をしてきたところだという。まつりの目玉だそうである。

工場に着いて、依頼したい鉋の写真を見てもらった。魚住氏は、「半分以上がいまはない鉋だ。刃先のカーブが浅い、ゆるいものはできるけれど、深いものができない。いまは機械でつくるのが普通で、そうじゃないものはつくれない。」という。さらに話を聞く。

三木の鉋鍛冶の現在

「いま見せてもらっているのは、三十〜四十年前、一九七〇〜一九八〇年ごろに見たものばかり。そのころは、刃の専門屋が結構いました。特殊鉋と呼ばれ、別の鍛冶屋で別注でつくっていた。三木に七軒ほどあった。建具屋がよく使っていた道具だった。その刃を研《と》ぐ専門の研ぎ屋もいました。特殊なものは限られた人しかつくらなかった。受注がなくなって三木で最初にやめていった。理由は、時代の流れと機械化の影響。機械ではつくれない。昭和二十年代前半までは手打ちでトンテンカンとつくっていましたが、その後機械化が進んだ。平鉋も、大鉋と小鉋は別の鍛冶屋でつくっていた。いっしょにつくるのは珍しかった。

常三郎はもともと大鉋を専門にしていました。現在は売上げのうち、大鉋が三割、小鉋が五割、残りは砥石などが占める。内丸鉋、外丸鉋も扱う。ただ、機械で処理するものしかできないので、深いアールができません。鉋鍛冶の工程は分業で、鉋の製造、刃研ぎ、台打ちからなる。このうちの刃研ぎがいまは成り立たない。今回も、もし刃ができたとしても研ぎができないと思います。刃をつけていない荒刃で提供して、あとはそちらで削るしかないと思うのです。」

魚住氏の話を聞くうちに、電話口でむずかしいといっていた理由がだんだんわかってきた。常三郎は、西の横綱と評される三木を代表する鉋鍛冶である。その三代目がこう話すのだから、この三十〜四十年の変化は大きい。日本の鉋刃は、鋼《はがね》と地金《じがね》を鍛接し、鍛造しながら整形する点に特色がある。常三郎においても、この過程は機械化され、ひとつの刃を鍛えるのにひとりで作業して五分かからないという。三木での機械化は昭和二十五年（一九五〇）ごろからで、それ以前は鞴で炭火をおこしながら鍛錬した。

時代の流れで機械化が進むのは当然である。それだけでなく、いまや機械でできないものは引き受け手を探すのさえ

【４－⑨】常三郎での三木金物大学講座。机に並ぶのは常三郎の鉋

むずかしい状況なのである。ただ三木で、常三郎以上の鉋鍛冶を探すのは容易ではないだろう。まして三条まで足を伸ばしても状況はちがわないことが感じ取れた。魚住氏のいう「刃をつけない状態」で提供してもらって、台をつくる久保氏に相談してみることにした。その場合は、刃の幅・長さ・厚みをいってくればそんなに時間はかからないという。刃の材料は、裏出しをしなくても切れるハイス鋼（高速度鋼、ハイスピード・スチールの略。切削工具などの高速加工での使用を想定した鉄鋼材料）がよいだろうと勧めてくれた。

　魚住氏は、道具はつくり方がわかると使い方がわかるとおっしゃる。金物まつりに合わせて、三木金物大学が開催されているという。翌朝、常三郎で講座があり、工場で実際につくるところを見学できるというので、参加させてもらった。

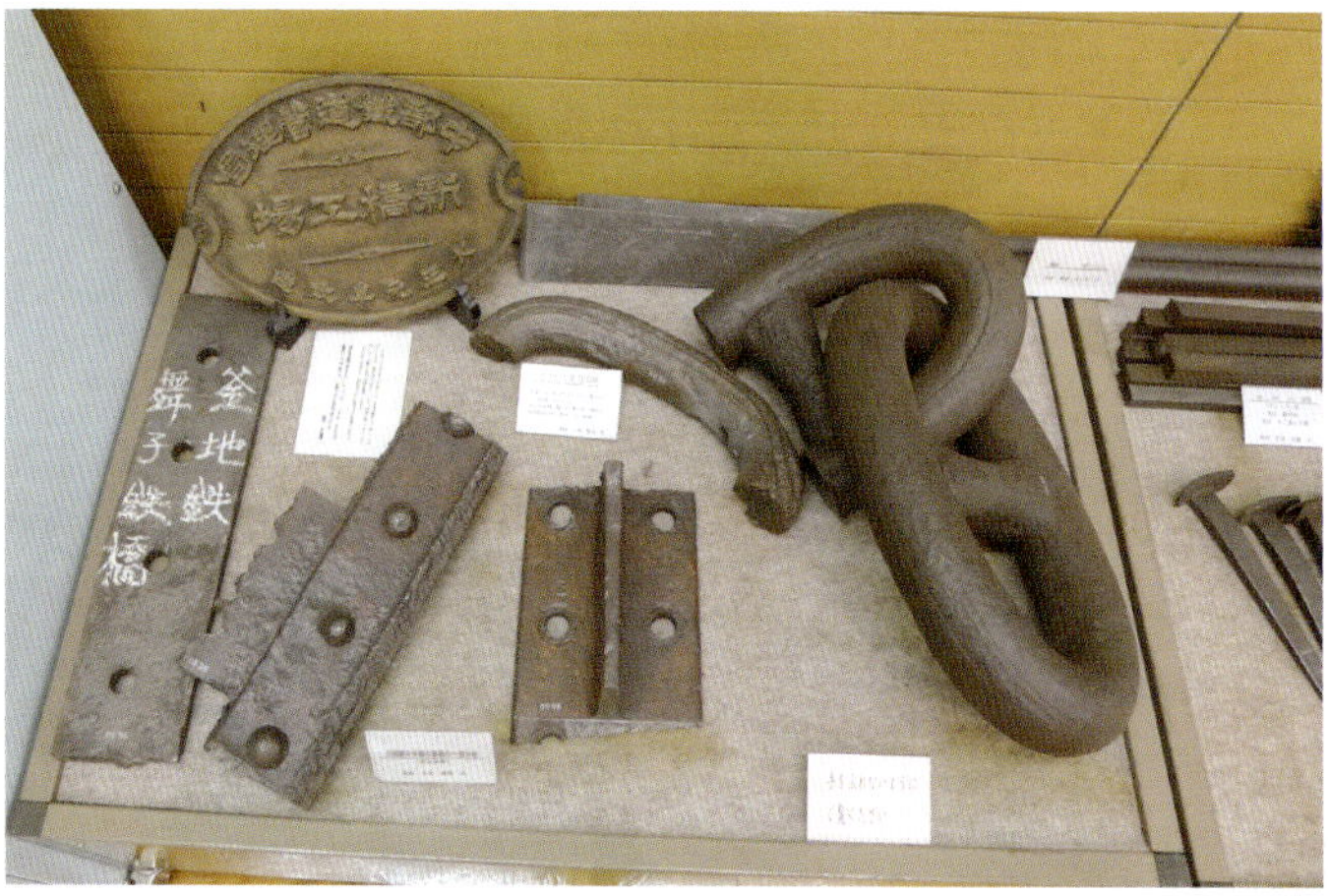
【４－⑩】地金（明治二十二年以前の英国製）

三木金物大学に参加

　三木金物大学の参加者は八名で、各地の問屋の若手だという。三日間の日程で、鋸・鋏《はさみ》・鉋・ギムネ等の各種金物工場の見学と体験を通して三木の金物を学ぶ。

　まずは講座で、魚住氏から鉋をつくる工程を教わる（図４－⑨）。

　三木における金物の歴史は五百年続く。常三郎は元々、鉋でも平鉋を担い、刃の幅が七十ミリある大鉋を専門とした。いまは幅が九ミリから一尺（約三十セン）まで手がける。日本の刃は、鋼と地金を接合する点に特色がある。

　地金は明治二十二年（一八八九）以前の英国製を使う（図４－⑩）。この時代の地金は、柔らかく、ス（溶融した金属が冷却収縮するときに生じる微小の空洞部）が入っていて、粒子が荒く、もろくて不純物が多く混ざっている。鉄としては弱点かもしれないが、鋼と溶接すると、これが研ぐときの目詰りを防ぎ、滑らかな研ぎを可能にする。鉋を水に浸した砥石で研ぐと、表面に粒のようなものが浮かんでくる。これが地金の不純物にあたる。これが出ないと研ぎにくいし、だから研ぐことができる。外国の鉋は鋼だけでつくられているので研ぐことができない。

　いまは、地金を手に入れるのがむずかしくなっている。古い鉄橋、船の碇の鎖、鉄道レールなどで、いろいろな情報

【４―⑪】「昔の鉋鍛冶職場」での講義

を調べて探す。レールを取りかえるからと見にいったら、明治二十二年以降のものだったりして、なかなかむずかしい。

最近の十年は、大工さんの目的に近い鉋を、情報も合わせて提供する。鉋には削る木の材質に合った刃の硬さがある。元来は大工さんが刃を見わけられたが、いまはむずかしくなった。阪神淡路大震災の補助事業でインターネットが整備されたので、いまはメールでやりとりもする。鉋を写真に撮って、メールで大工さんに見てもらう。海外からも注文がある。

【４―⑫】現在の工場の内観

ここで、常三郎の鉋を使うアメリカの家具職人が登場する番組を見る。表面が滑らかに仕上げられた優雅なキャビネットに、千二百万円の値がつく。これを生み出すのが常三郎の鉋なのである。

今度は工場に移って説明を受ける。工場隣の木造小屋に、「播州三木金物、昔の鉋鍛冶職場」の札がかかる。内部は土間で、鞴、炉、金床《かなどこ》が保存されている（図4―⑪）。二代目までが実際に使っていたものだという。ここで、機械化以前の鍛錬方法を教わる。木製の箱型の鞴の手前に出ている握りを押しこみながら、炉に火をおこし、そこで赤く熱した鋼と地金を、金床の上で鍛えた。

【４―⑬―１】鍛接のために鋼と地金を熱する

現在の工場はこの小屋の十倍の広さはあろうか。機械がずらっと並ぶ（図4―⑫）。ここで、主要な製造工程の鍛接、鍛造、型貫、焼鈍《やきなまし》、整形（生ならし）、焼入、研ぎの工程を見せてもらう（図4―⑬―1〜5）。

もっとも印象に残ったのが型貫で、千度以上に赤く焼けた鋼と地金を、刃の形の型でガチャンと貫くのである。原理は菓子型と同じである。型貫機の周りには、型がいくつも置かれている。ただし、型に当てはまらないものはつくれない。魚住氏が「機械でつくれないものはむずかしい。深いアールのものができない」というのが理解できた。

　三木で、製造の機械化がはじまったのは昭和二十五年（一九五〇）とのことだったが、そのときにこれだけの設備を整えられた鍛冶屋はどれぐらいいたのだろうか。敷地も広く、工場も大きい。

【４－⑬－２】鍛造

　昭和二十六年に兵庫県産業研究所が調べた三木金物工業の経済実態調査結果によると（『金物工業の経済構造』昭和二十七年）、鉋業者はこのとき四十三戸あり、このうち、一～二人の原始的家内労働の業者が二十七戸、三～四人の典型的家内労働が十二戸、五～九人の工場制手工業が二戸、十人以上の近代的工場制手工業が二戸で、九割が家族経営である。

【４－⑬－３】型貫機

　注文生産率で見ると、二十一戸が百パーセント、六戸が九十～八十パーセントで、半数が注文を受けてから製造している。作業場が別棟になっているのは、四人以下の家族経営では三十二戸で八割を占める。五人以上ではすべて別棟で作業場をもっている。モーターと研磨機の所有比率は、一～二人の作業場ではモーター三十七パーセント、

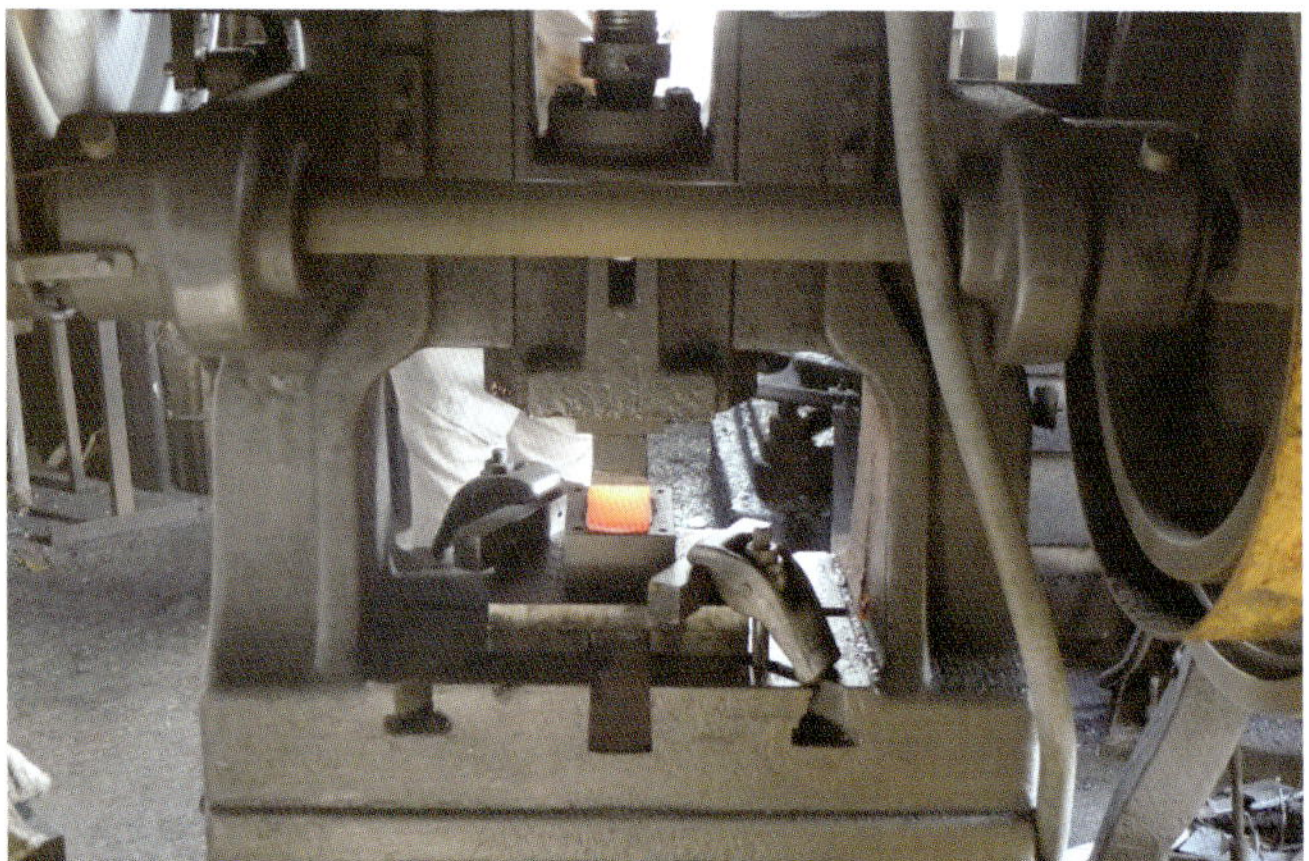
【４－⑬－４】鍛造した鋼と地金を型貫する

【４－⑬－５】型貫された鉋刃

研磨機五十パーセント、三〜四人の作業場ではモーター六十七パーセント、研磨機八十三パーセント、五人以上の作業場ではいずれもほぼ百パーセントになる。労働力の質は、十人以上の会社と二人の製作所は変わらない。量的な労働力の集積はかなりの差異がある。

調査結果を受けて産業研究所は、今後の発展に向けて、資本と製造の集約と近代化を提案している。

特殊鉋を受注していた小規模な鉋鍛冶は、この提案に沿いたくてもできなかっただろう。大きな隔たりがあったにちがいない。機械化を進められた製造者は、どんどん金物をつくって売ることができた。三木金物見本市が昭和二十七年（一九五二）にはじまったのもうなずける。資料館が昭和五十一年（一九七六）に開館したのは、設立主旨に「古来から伝わる製法や金物製品等は散逸のおそれがある」のとおり、少数で特殊な受注に応えていた鍛冶が姿を消した時期であった。現在の三木金物組合の鉋部会は十一社からなる。昭和二十六年の四分の一である。

【４－⑭－１】古式鍛錬式の鍛錬風景

【４－⑭－２】箱鞴と炉

古式鍛錬式と金物鷲

金物まつり初日は、金物神社で鉋の古式鍛錬式があり、こちらにも魚住氏が出るとのことであった。常三郎での鉋製造や経営、そして三木金物の振興、継承と、魚住氏の役割は幅広く、毎日フル回転である。

金物神社で登場を待っていると、山吹色の直垂《ひたたれ》に烏帽子《えぼし》装束《しょうぞく》のひとりが、白張《しらはり》

【４－⑭－３】鍛錬した鋼と地金を切り取って整形

衣装の三人とともに現れた。当番札によると、横座が前田昭氏（常三郎工場長）、先手二名が森田直樹氏（千代鶴貞秀工房）、魚住徹氏、鞴が山本健介氏（山本鉋製作所）である。四氏とも、三木の鉋の名工である。式がはじまった。

【4－⑮】金物鷲

【4－⑯】金物鷲の顔部分

先手ふたりは、横座がはさみでつかんだ赤く焼けた鉋を、金床の上で柄の長い槌を振りおろしながら叩く（図4－⑭－1～3）。叩く音はトンテンカンとつづく。トンが横座の槌の音、テンカンは先手ふたりが順に振りおろす槌の音である。三人はリズミカルに叩いていく。これは充分な経験がないとできない。金床の上を正確に叩き、三人の息が合う必要がある。ある程度鍛えたら、ほしい長さに刃を切りとり、形を整える。四人で三十分かかった。

常三郎の工場ならば、ここまでひとりで五分でできる。機械化は必然だったわけである。

金物鷲も見に行く。市役所の吹抜けロビーに、大きく羽を広げた鷲が展示されていた。見あげるほど大きい（図4－⑮）。左右の羽の長さは五メートル、高さは三メートル、重さは一・五トンあるという。鈍く光る鱗状の素材は、すべて金物である。近づくと、翼は鋸、嘴《くちばし》は鉈《なた》（図4－⑯）、顔から胴は包丁とナイフ、足はギムネ（回転させながら木に穴を開ける道具）、爪は根切鎌、尾は腰鋸（柄の部分が折れ曲がった鋸。丸太を切るとき等に使う）でできている。金物の長さや曲がりの形が生かされて、見れば見るほどおもしろい。三木でつくられた金物が十種以上、三千三百点使われているという。

民俗学の西岡陽子氏によると、このようにある一ジャンルの器物のみで造形する一式飾りを「造《つく》り物《もの》」と呼ぶそうである。漆器、陶器、台所道具、酒屋道具などを使う例がある。ある器物が、本来の形にも見え、作品全体として新たな何ものかに見えるという見たての遊びで、素材と造形物の差異が大きいほど、見学者は喜ぶという。元は祭礼の祝祭空間のなかで醸成されたもので、近代以降はイベントの吉祥の造形としてつくられるようになった。

三木の金物鷲が誕生したのは昭和八年（一九三三）で、前年の大水害で消沈した町民の気運を盛りあげようと生まれたアイデアだったという。昭和二十七年（一九五二）の三木金物見本市で、昭和八年の金物鷲をモデルに初代金物鷲が製作され、私が見たのは三代目の金物鷲だった。製作は、金物組合青年部が担い、鋼鉄製の骨組みに麦わらを巻きつけた土台に金物を一本ずつ刺す。完成には八時間かかる。青年部員自身が製作した金物を使うというから、関係者にとっては、自分が製作した金物の展覧の場でもある。金物鷲は、国内は東京、京都、大阪、海外ではニューヨーク、ケルンなどでも披露されてきた。

金物まつりの三木は、金物大学、古式鍛錬式、金物鷲、金物展示直売会と、一年でもっとも充実する時期であった。鉋鍛冶の現在を見て、復原したい鉋のむずかしさもわかった。金物まつりは、半世紀以上の歴史をもつ。実際に訪ねるまでは展示直売が主だと思っていたが、そうではない。魚住氏が、「おまつりを通じて、金物の町に来てもらいたい」といっていたとおり、三木金物の技術と創造が表れている。

復原過程

三木から戻ってすぐに久保氏を訪ねた。鉄川与助の鉋のうち、三木で研ぎまでできる刃は半分もなく、残りは近い形までしかできあがってこないことを伝える。久保氏に正直に、「それでも大丈夫ですか」と聞くと、「大丈夫だ」という。刃に水をかけながら、グラインダーで自分のほしい形に仕上げるのだそうである。ふだんからそうやって鉋をつくっているので問題ないという。鉋の刃も、金物問屋の店先で安く出ているときに刃だけ買って、ストックしておくのだそうである。久保氏は、自分で思い描くとおりに道具をつくることができる。心強く、また自由で羨ましくもあった。

①鉋台の樹種

この日は鉋台の材料も確認した（図4−⑰）。十二点の鉋台の材料を、重みや木肌から久保氏と松田氏に見てもらった。

第二章の②内丸鉋、⑧面取鉋の両翼、⑨溝鉋、⑩出丸鉋以外はすべて白樫である。年季が入っているから赤っぽく見えるが、白樫だという。白樫は重硬く粘り強い性質をもち、鉋台の一般的な材料である。比重も〇・七八〜〇・八四と白樫の気乾比重に当てはまる。木目に特徴があり、見わけやすい。

②は、比重〇・四三と大きさに対して軽い。木目からは材種が見わけにくかったが、軽さと軟らかさから檜と判断した。比重は白樫の半分で、可動性に優れる。⑧の両翼と⑩は桜と判断した。桜の気乾比重が〇・六二に対し、⑩は〇・七二と若干重いが、木肌から判断した。⑧は、刃を入れる部分を硬い白樫、両翼を桜とすることで硬さと軽さを出し、耐久性と可動性を高めている。

【4−⑰】鉋台の材料

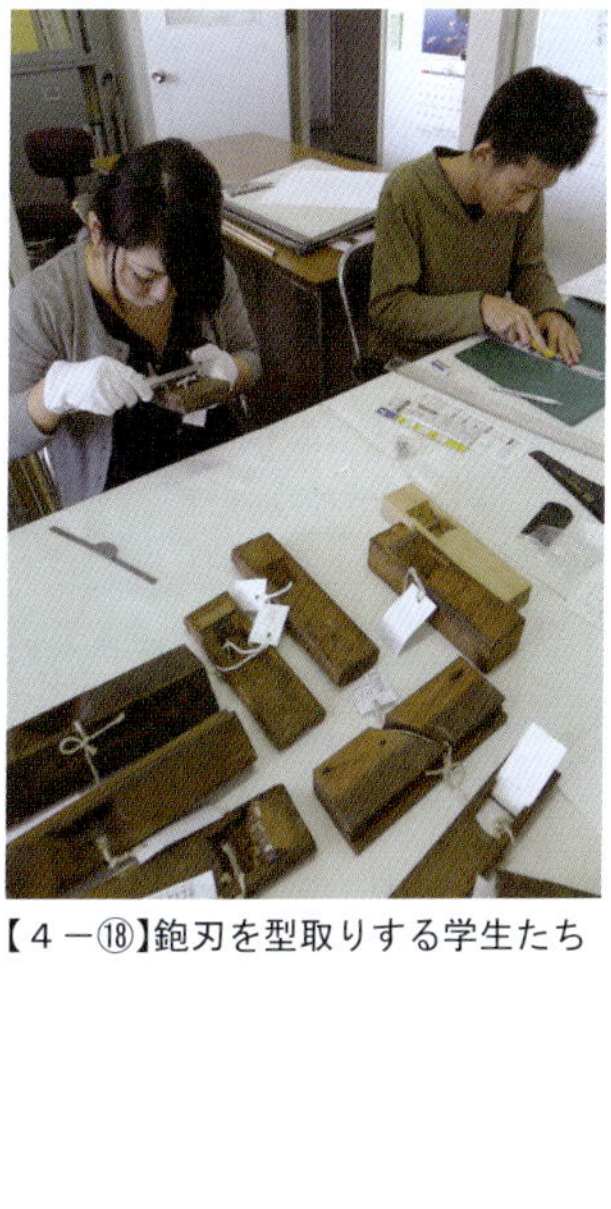

【4−⑱】鉋刃を型取りする学生たち

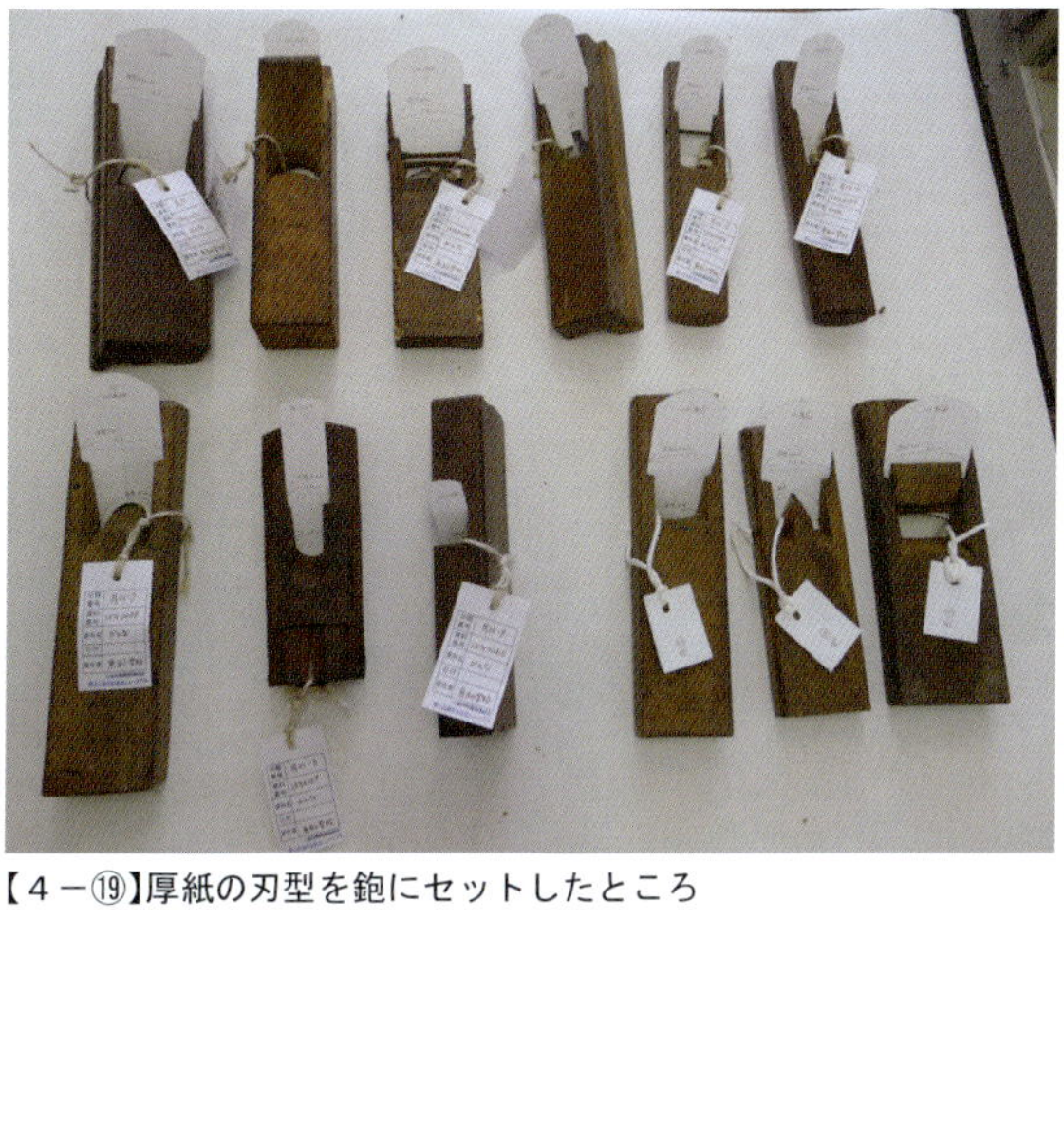

【4−⑲】厚紙の刃型を鉋にセットしたところ

⑨は、サンテチエンヌ社のカタログによると西洋ナナカマドである。但し材料が手に入りにくいため、材質の似る桜で今回は作ることにした。⑨の気乾比重は〇・七六で⑩に近いことも桜を選んだ理由である。

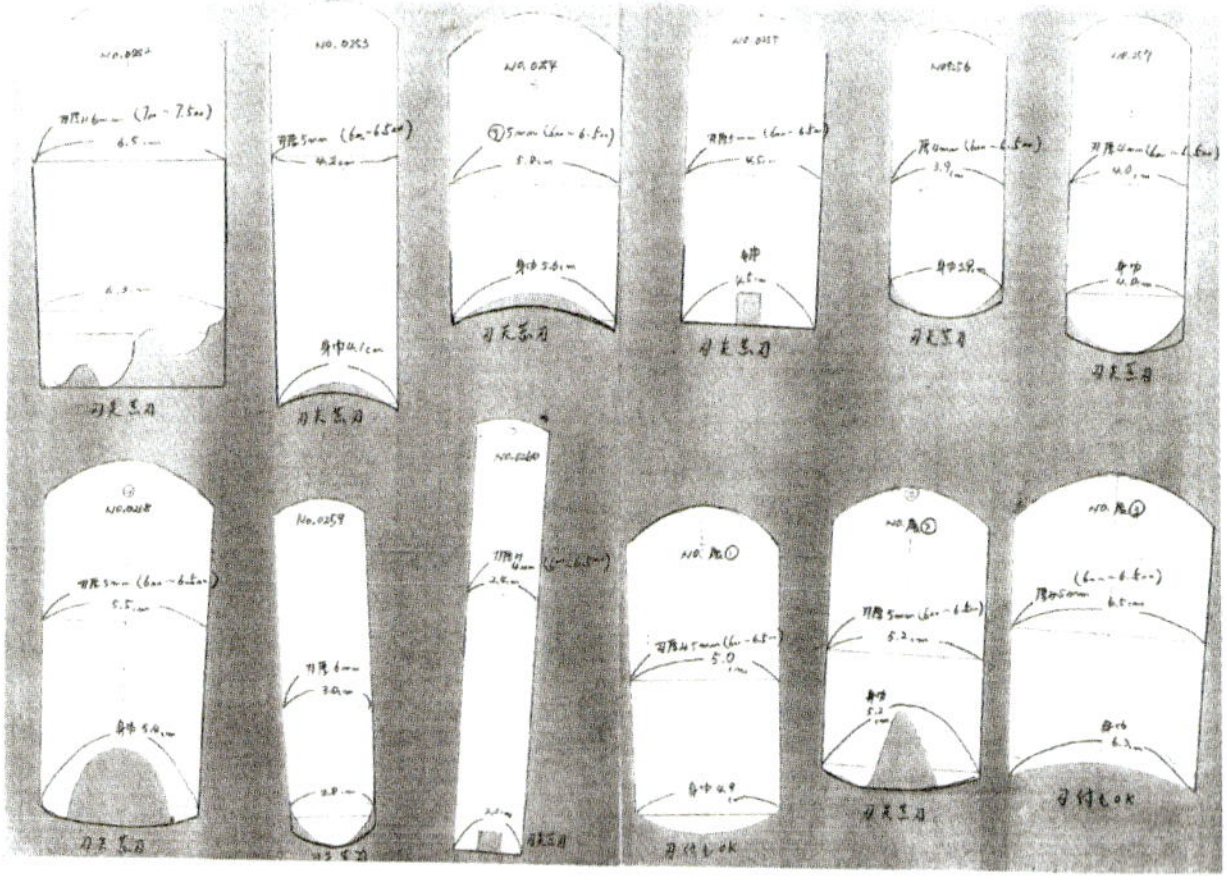

【4－⑳】鉋刃の復原図と、魚住氏から示された仕上がり線

②鉋刃

刃の形は、鉋台に厚紙をあてて型取りした（図4－⑱、⑲）。厚みは台の仕込み溝の幅を測った。これをもとに魚住氏に確認したところ、製作できるのは復原図に黒線で示した姿まで可能とのことであった（図4－⑳）。⑩出丸鉋と⑫内丸鉋の刃先のアールが浅いものは仕上げまでできるが、他は荒刃の状態までである。刃の材料は、三木で相談したときはハイス鋼を挙げていたが、幅や長さに対応しやすいとして青鋼（安来鋼の種類で、白鋼にクロムやタングステン等を加えて熱処理特性や耐摩耗性を強化した鋼）で製作することにした。十一月中旬に依頼し、十二月初旬から中旬にはできあがるとのことだった。表4－①は、復原する鉋台と刃の関係がわかりやすいように一覧にしたものである。図の下には、台の寸法、刃の厚み、復原に用いた木の材質、復原の際の変更点を記した。

【4－㉑－1】鉋台製作手順－製材

【4－㉑－2】荒彫り

【4－㉑－3】仕上げ彫り

【4－㉑－4】完成

③鉋台の製作

刃の発注後、十一月半ばから久保氏が鉋台の製作に取りかかった。材料を寸法に合わせて木取りし、下面の仕上げ面形状を加工し、穴を荒彫りする（図4－㉑－1～4）。単純な形の鉋ひとつなら、この復原を卒業研究のテーマにしている学生がつくれるかと思ったが、「指をたいせつにしたほうがよかよ」と久保氏に止められた。久保氏はスイスイと進めていくが、素人はこうはいかない。代わりに学生たちは工程を見せてもらった。製材、

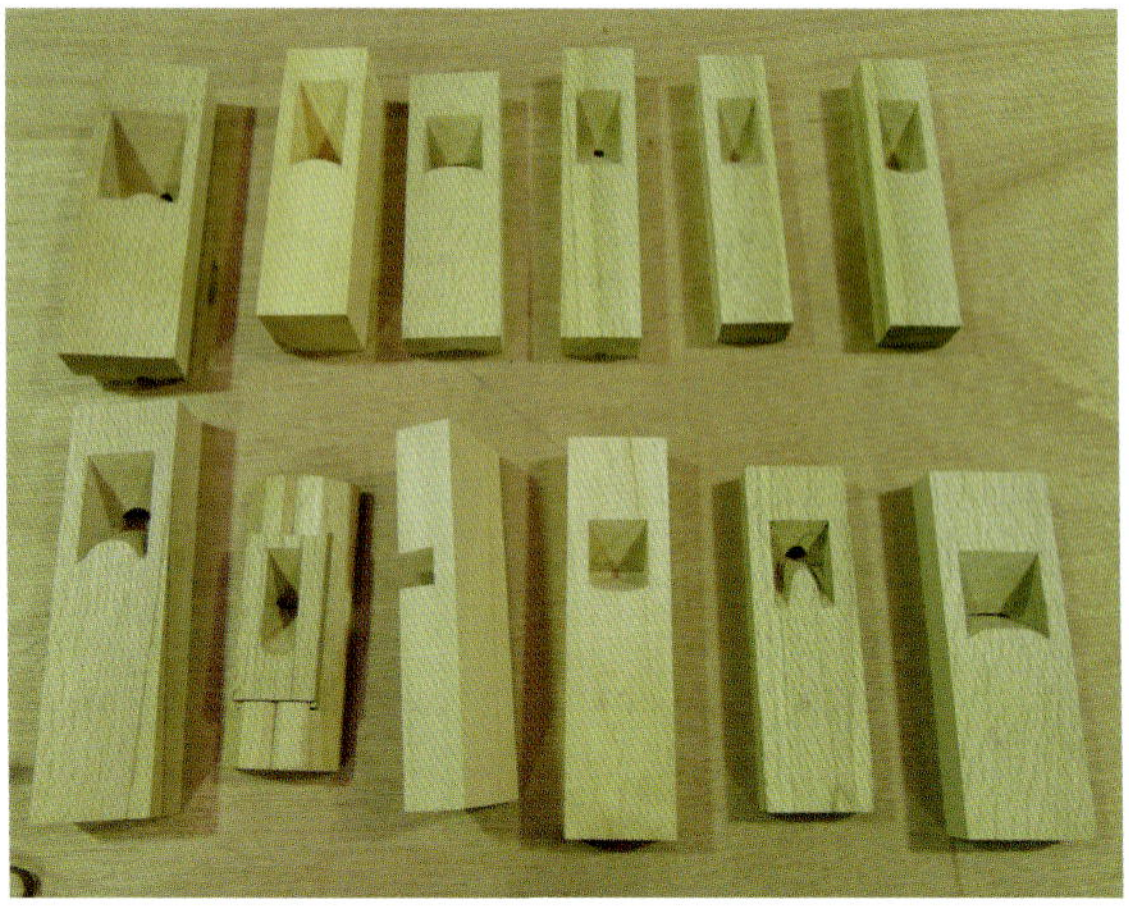

【4－㉒】完成前の鉋台（上面）

表４－①　鉄川与助大工道具　復原する鉋１２点の等角投影図・刃仕込部断面図・刃復原図
刃に点線で示した形は三木での仕上がり線。

等角投影図縮尺　0　5cm　0　5cm　刃仕込部断面図·刃復原図縮尺

①溝鉋

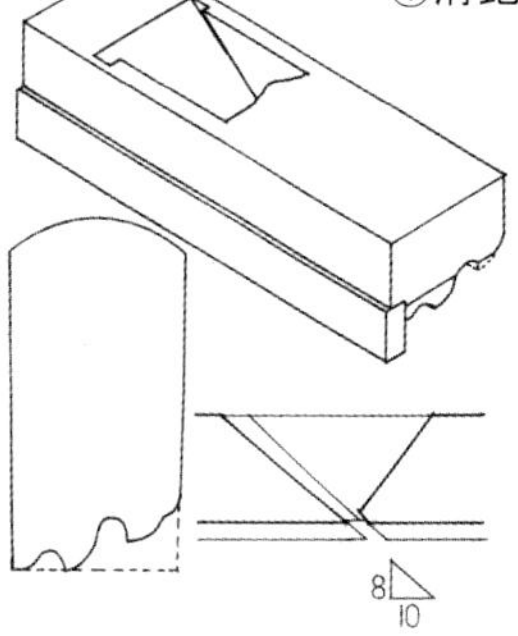

寸法:長240×幅72×厚61㎜、刃厚:6 ㎜、材質:白樫、下面の波型とガイドは復原でも別材で付けた

②内丸鉋

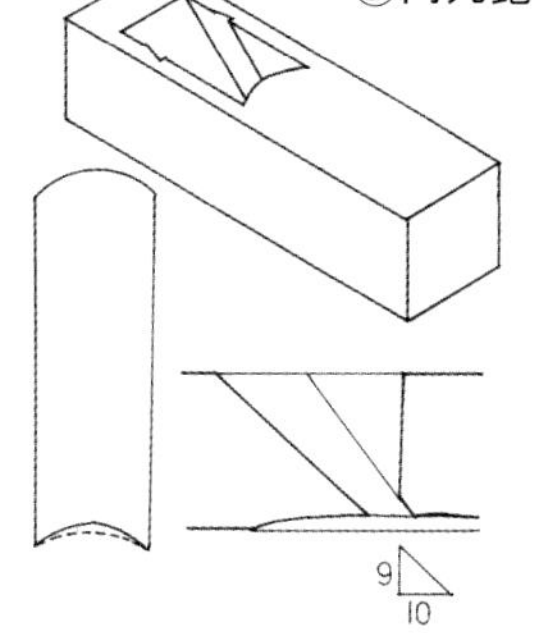

寸法:214×58×68㎜、刃厚:5㎜、材質:檜、復原では刃が厚く仕上がり刃押えが不要になった

③内丸鉋

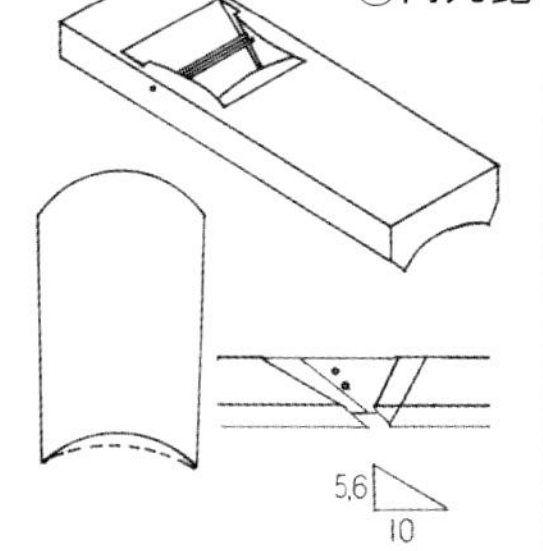

寸法:210×68×27㎜、刃厚:5㎜、材質:白樫、別材で台の穴を塞ぐが復原は一木から造り出した、復原では押え棒が不要になった

④溝鉋

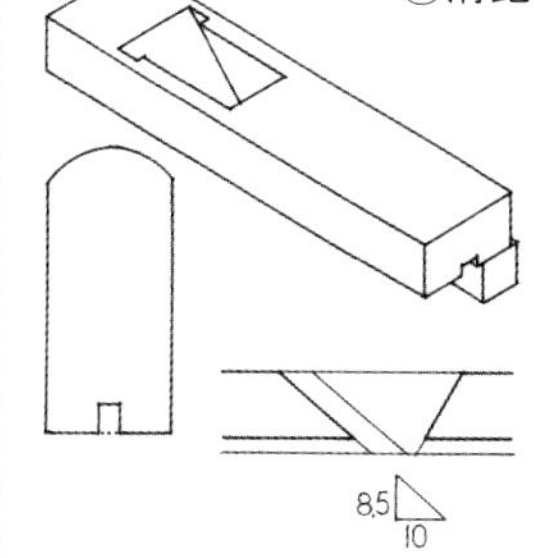

寸法:250×56×53㎜、刃厚:5㎜、材質:白樫、下面のガイドは復原でも別材で付けた

⑤出丸鉋

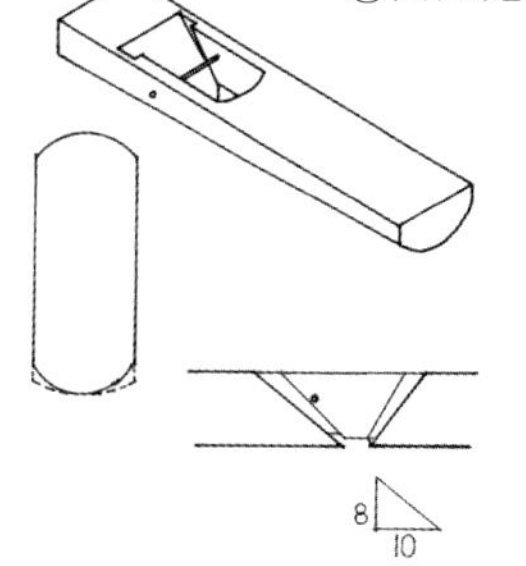

寸法:224×45×30㎜、刃厚:4㎜、材質:白樫、復原では押え棒が不要になった

⑥出丸鉋

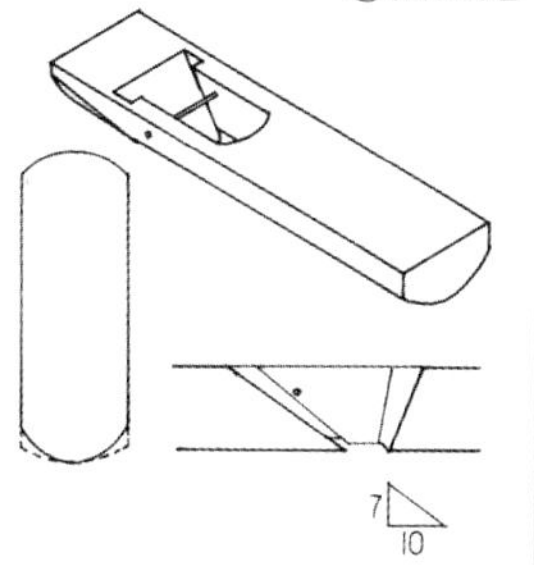

寸法:225×55×30㎜、刃厚:4㎜、材質:白樫、復原では押え棒が不要に

⑦内丸鉋

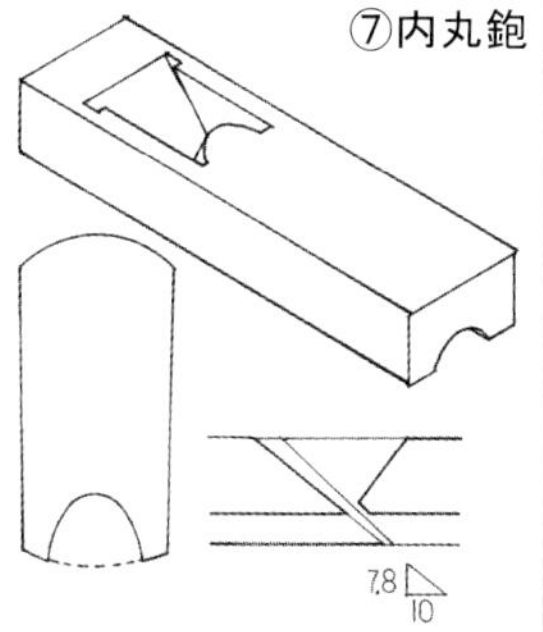

寸法:254×68×39㎜、刃厚:5㎜、材質:白樫

⑧面取鉋

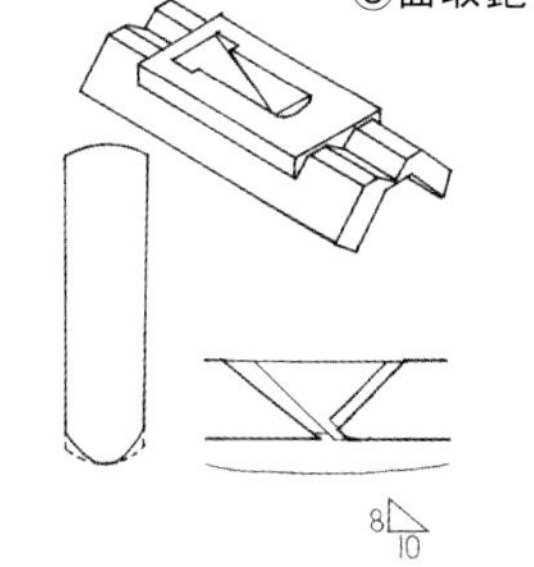

寸法:174×69×41㎜、刃厚:6㎜、材質:中央部は白樫、両翼は桜

⑨溝鉋

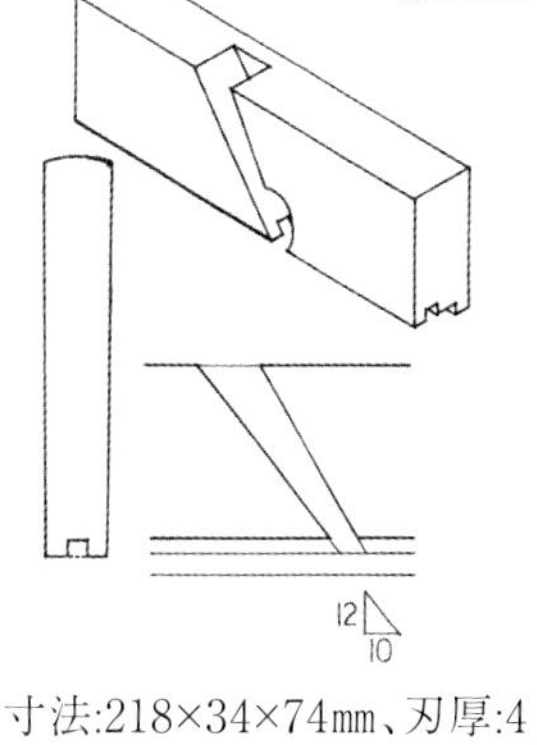

寸法:218×34×74㎜、刃厚:4㎜、材質:桜

⑩出丸鉋

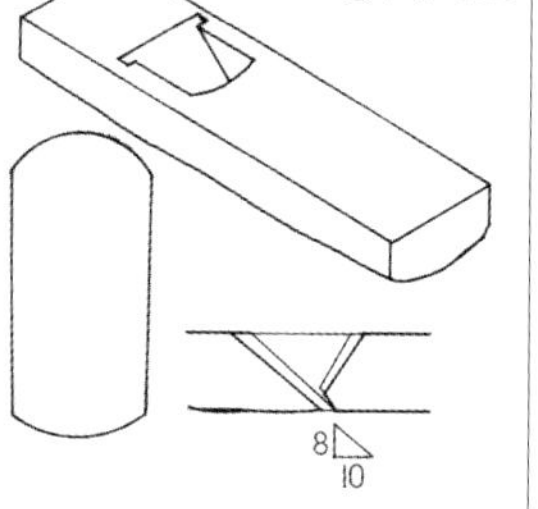

寸法:239×63×30㎜、刃厚:5㎜、材質:桜

⑪面取鉋

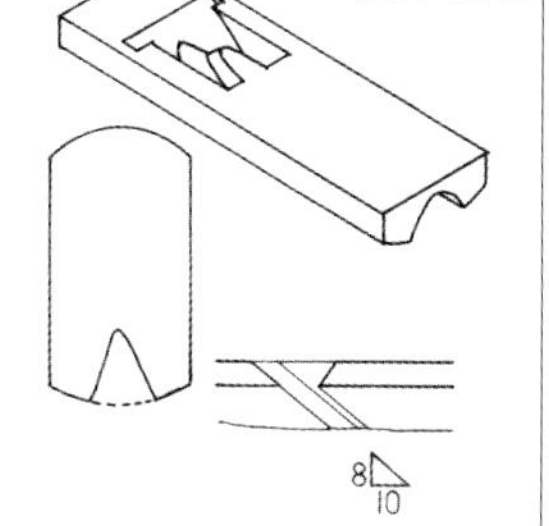

寸法:210×67×18㎜、刃厚:5㎜、材質:白樫

⑫内丸鉋

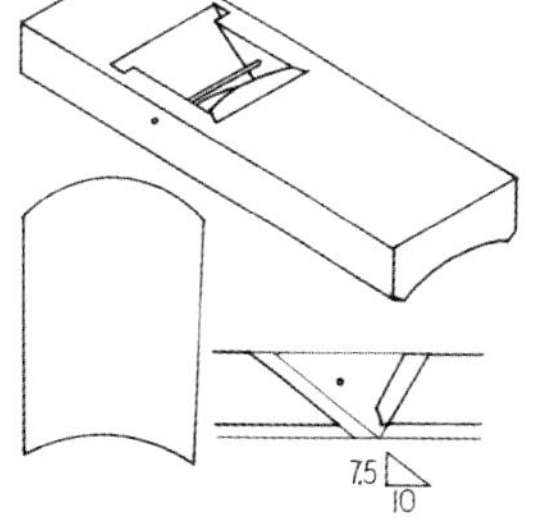

寸法:219×77×35㎜、刃厚:5㎜、材質:白樫

墨付、荒彫り、仕上げ彫りと進む。十一月三十日には、仕上げ彫りが仕上がったと連絡をもらって見にいった。

道具をよく知っている人の再現は忠実であった。（図4－㉒、㉓）学生たちの実測図面からは充分に伝わらないので、新上五島町鯨賓館ミュージアムから鉄川与助の鉋そのものを借用して再現してもらった。①溝鉋の複雑な削り面（図4－㉔）、⑧面取鉋の3部材の組み合わせも忠実に復原されている。

刃の厚みが、当初よりも一ミリ程厚く仕上がる連絡が魚住氏からあったので、最後の調整は刃が来てから仕上げることにした。

【4－㉔】複雑な鉋の溝も忠実に再現された

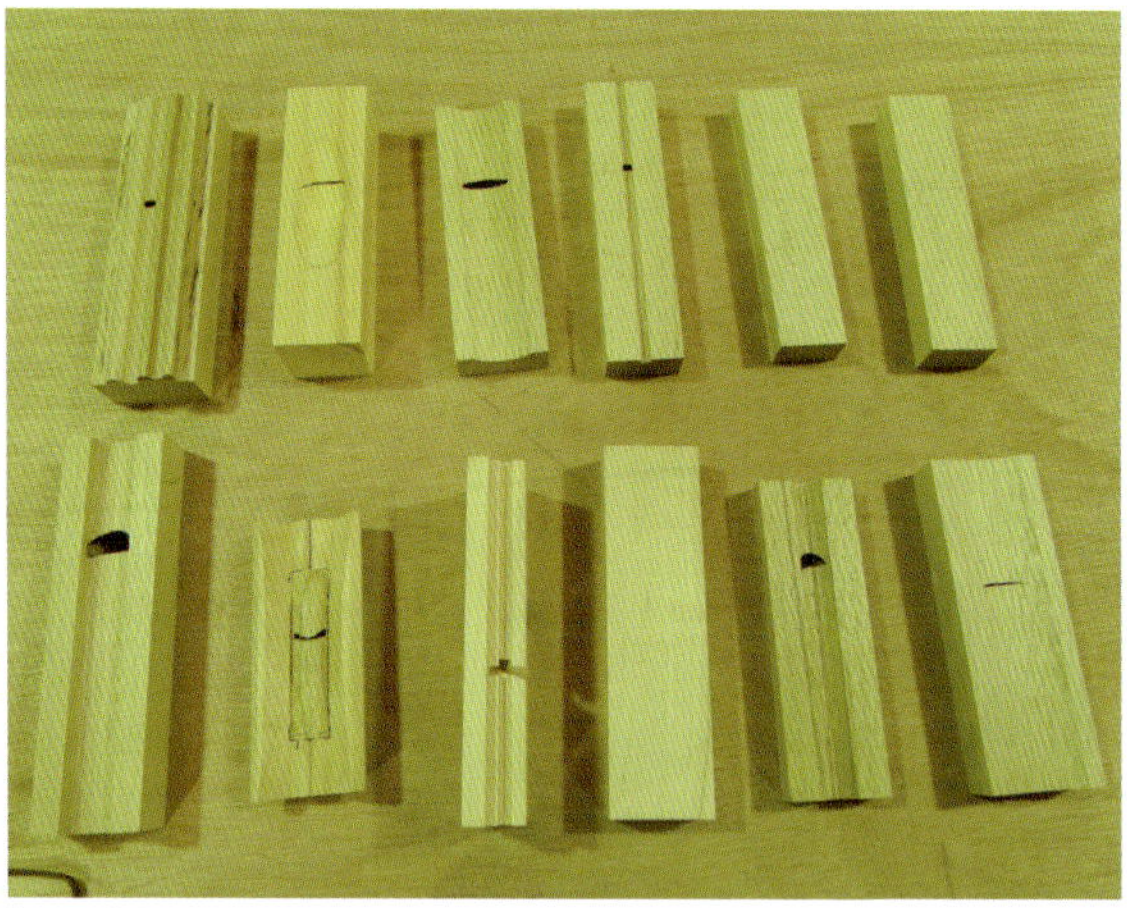
【4－㉓】完成前の鉋台（下面）

④刃の到着、完成

十二月に入り、二回に分けて三木から刃が届いた。最初は四枚でアールが浅く刃がつけてあるもの（図4－㉕）。二回目は刃の形状が複雑で、荒刃で留めてあるものである（図4－㉖）。第二章①溝鉋の刃でいえば、波型に削り上げなくてはならない（図4－㉗）。久保氏に大変な手間をかけることを恐縮に思いながら、刃を届けた。

最初に届いた刃四枚のうち、まず三台

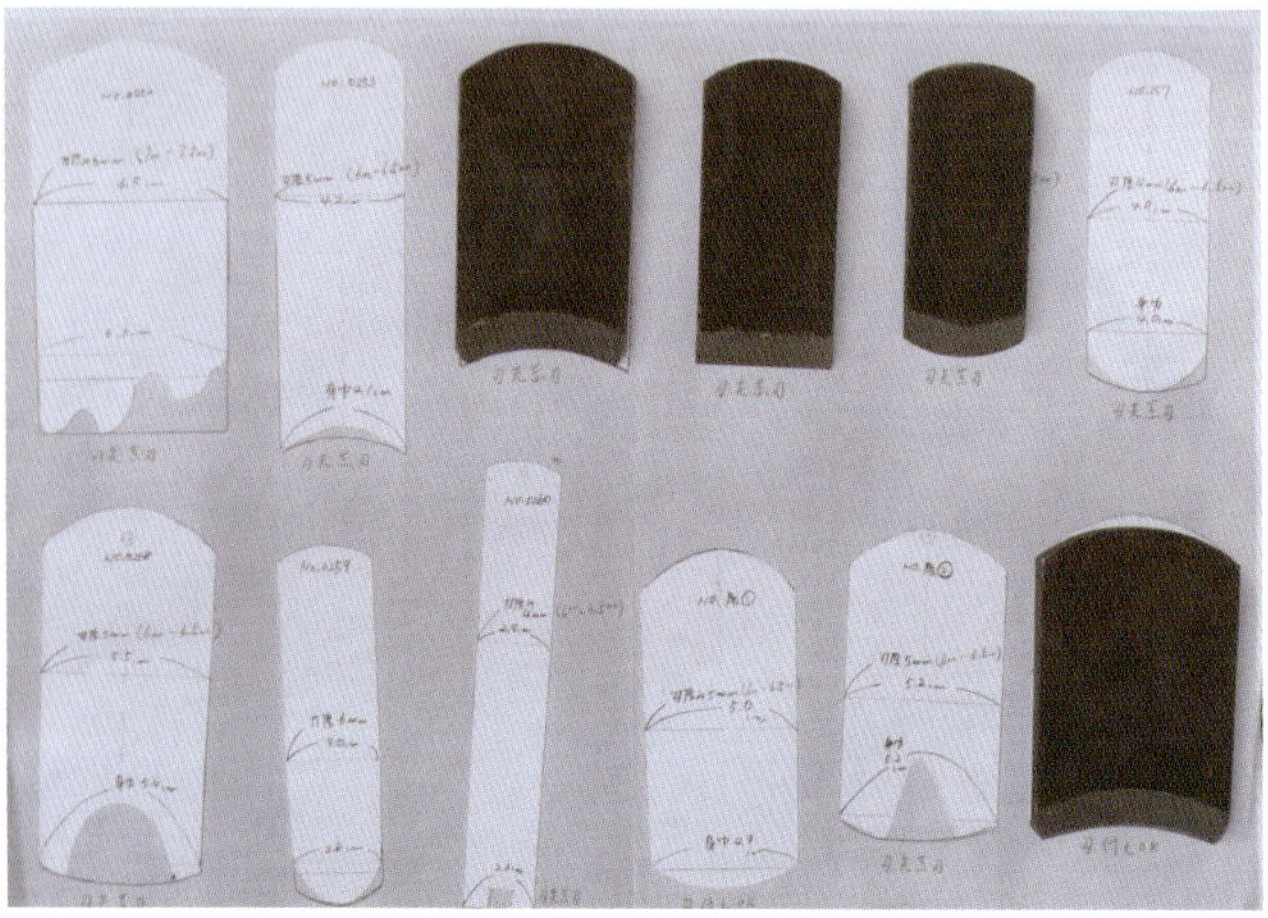
【4－㉕】三木から一回目に届いた刃４枚

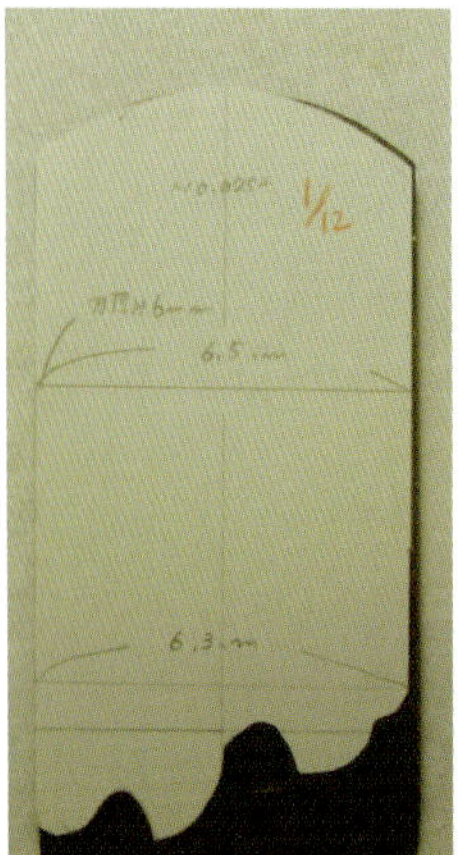
【4－㉗】No.１の刃と型紙

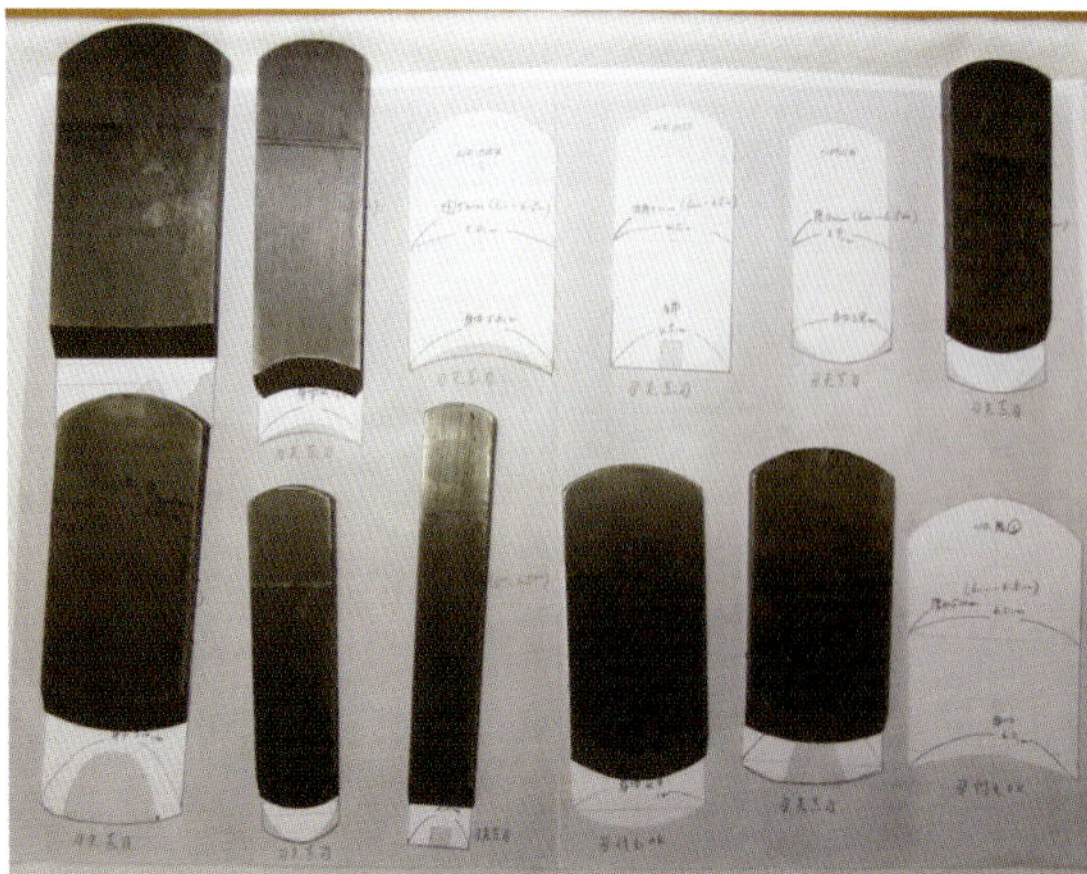
【4－㉖】三木から二回目に届いた刃８枚

【４－㉘】一回目に届いた刃四枚のうち、三台が十二月中旬に完成

【４－㉙】十二月中旬に完成した鉋三台を持って、熊本の展示会で魚住氏に見せる

【４－㉚】鉋を完成させる久保氏

【４－㉛】完成した鉋

が十二月中旬に完成した（図4－㉘）。年明け一月に、魚住氏が熊本での展示会のために九州に来るという。熊本の会場に魚住氏をたずね、完成した鉋三台を見せた（図4－㉙）。魚住氏は手にとって、仕上がりを確認する。こういう鉋が作れる人がまだいるんだと、うれしそうである。一緒に行った学生は、ずらっと並ぶ常三郎の鉋を見せてもらった。刃だけで十種あり、この刃が仕込まれた大中小の鉋がある。鉋のほかに、砥石や罫引《けびき》（木材に平行な線を引く道具）も並ぶ。

　魚住氏が、普段は展示会で三木にいないと言っていたのはこのことである。全国各地に出かけて、大工や職人向けの展示会で鉋を実際に手に取ってもらい、販売する。魚住氏の両側に出店する人たちも、学生たちがやってきたのを興味深そうに見ている。魚住氏とは親しい間柄のようである。話に加わって、うちも見てってよと、学生は鋸も挽かせてもらった。

復原鉋と削り形状

　一月中旬、久保氏から、鉋が全て完成したとの連絡があった。見に行くと、鉋が見事にでき上がっていた（図4－㉚、㉛）。それだけでなく、鉋で削った仕上げ形状も並べて置いてある。鉄川与助の鉋の復原を通じて見たかったのは、実はこちらだった。削るとどんな形に仕上がるか、久保氏はあらかじめ汲み取り、用意してくださった。

　実際に鉋で削る様子も見せてもらった（図4－㉜）。左手で鉋台の頭を、右手で台の上面中央をぐっと握って、久保氏が鉋を滑らせると、しゅるしゅると削り屑が出てくる。感嘆した。刃はよく研いである。指先がぱっと当たっただけでも切れる鋭さで、刃先にくれぐれも触らないようにと注意を受けた。

　仕上がった鉋とその削り形状を一覧にしたのが表4―②である。復原してみて、ああそうかと気づく鉋もあった。
　①溝鉋は、久保氏によると、与助は左利きだったんじゃないかという。削るときのガイドが左側についているからで、右利きならば右側についていないと力が入りにくいという。どうであろうか。与助が三つ揃いを着ている写真を見ると、鎖時計が左胸のポケットに入っているから、右利きでよいと思われる。だが、これまで与助の利き手について考えることもなかった。道具を使う人の指摘は鋭い。
　②内丸鉋は、下面のくぼみで削ると、肘のように丸味を帯びた形になる。内丸鉋は他に③⑦⑫がある。鉋下面のアーチの形によって仕上がりの表情が異なる。とくに⑦の内丸鉋は、付柱のようにくっきりと丸味が出る。
　④溝鉋は、想像していたよりも溝の出っ張りが華奢である。建物よりも、たとえば祭壇や額縁のように、繊細さが求められるものに使うのかもしれない。⑨溝鉋も同様である。凸部が細い。フランス製鉋で、元は押して使ったものだが、久保氏は引いて使っていた。問題はない。

【4－㉜】削り具合を確認する久保氏

【4－㉝】復原鉋を見る渡邉晶氏

出丸鉋は⑤⑥⑩がある。内丸鉋と同様に、アーチの形によって表情が異なる。
　⑧面取鉋は、部材の角部を削るものだったのかと納得した。しかも、船底状に先端は尖《とが》るのである。⑪面取鉋は、おにぎり形の断面をもつ凸部が作り出せる。
　久保氏によると、削り形状を復原した鉋だけで削り出すのは難しいそうである。今回は、ある程度削り形状を荒彫りしてから鉋で仕上げたそうで、当時もそうだったろうという。鉋の切れ味を保つためには刃を研ぐ必要がある。久保氏は、小さな砥石を揃えていて、それで研ぐのだという。

　二月初め、完成した復原鉋をもって、竹中大工道具館の渡邉晶氏を訪ねた（図4－㉝）。「これは画期的だ、すばらしい」と称賛いただいた。復原したことによって、日本の大工が苦労してつくった道具がよくわかるという。渡邉氏は、鉋を一点ずつ削り形状と合わせながら疑問に答えてくれた。①溝鉋はガイドが左側にあっても右手で使える。刃の角度は八分勾配までがやわらかい針葉樹に向く。全部ゆるい勾配でやわらかい木に向いている。教会堂ひとつでよいから、復原鉋とじっくり対照すると見えてくる。まだあったほかの道具も見えてくるという。

表４－②　鉄川与助大工道具　復原鉋の上面、下面、削り形状

④溝鉋	③内丸鉋	②内丸鉋	①溝鉋

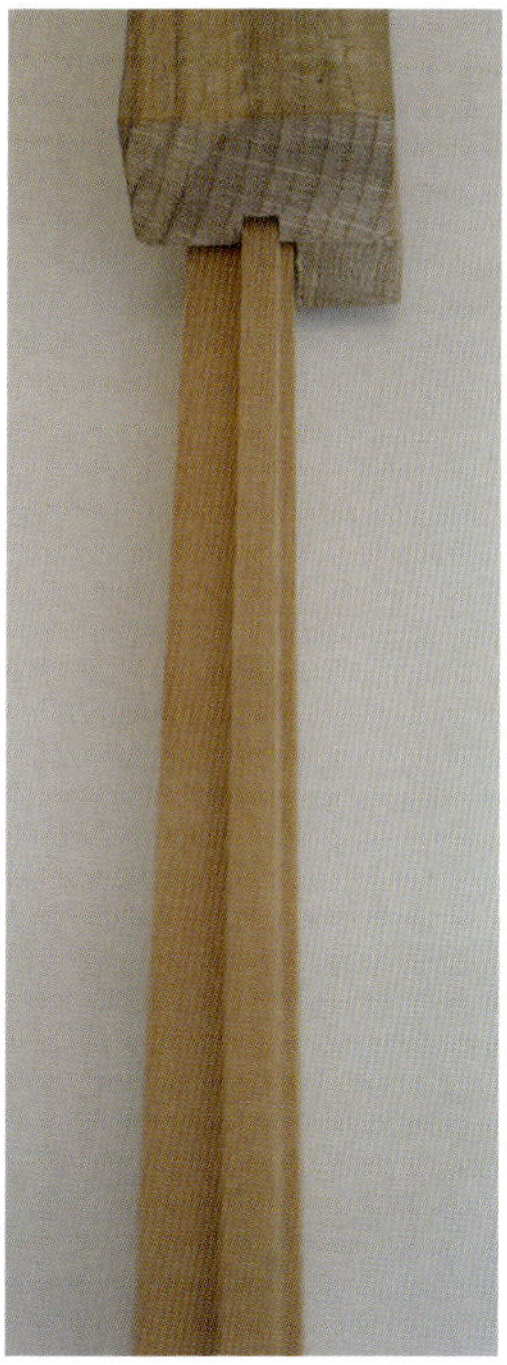	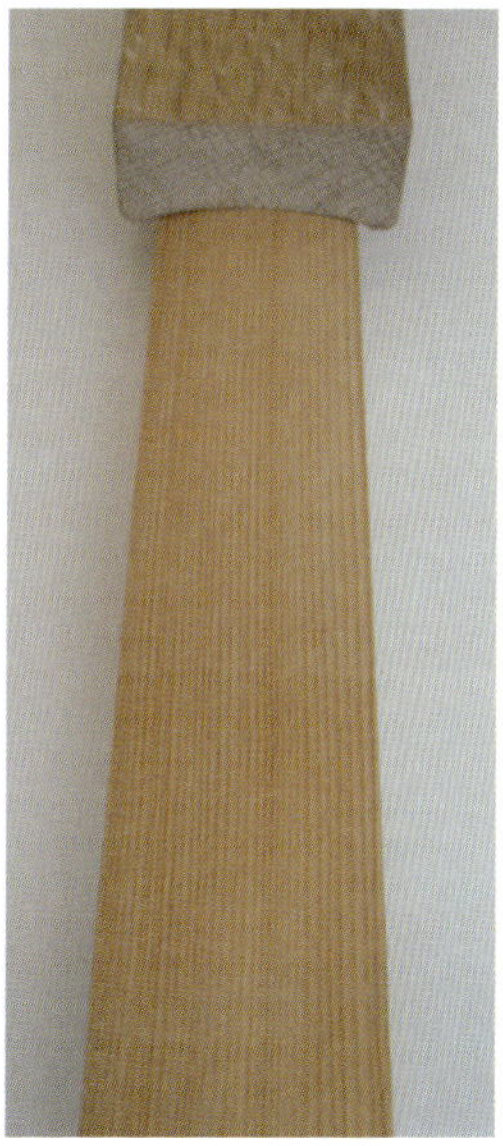	 	

⑤出丸鉋

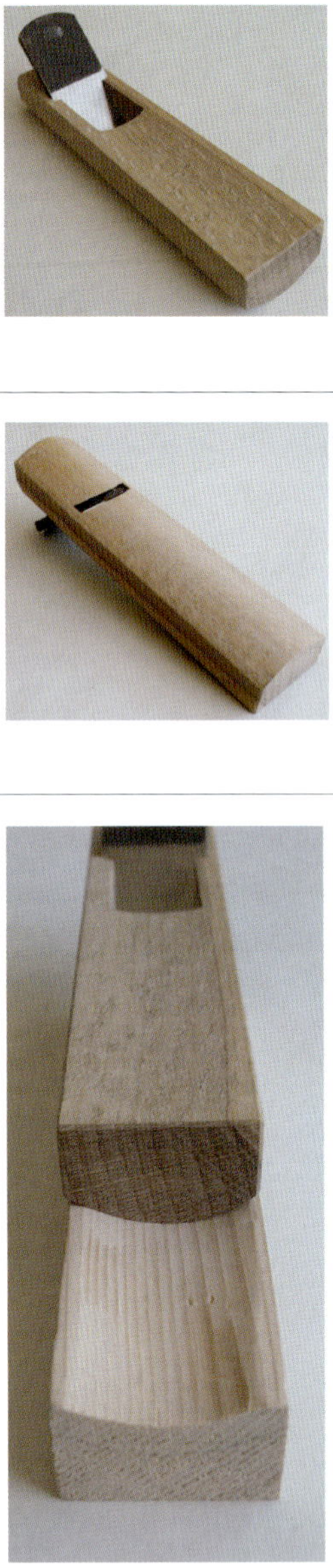

⑥出丸鉋

⑦内丸鉋

⑧面取鉋

⑨溝鉋

⑩出丸鉋

⑪面取鉋

⑫内丸鉋

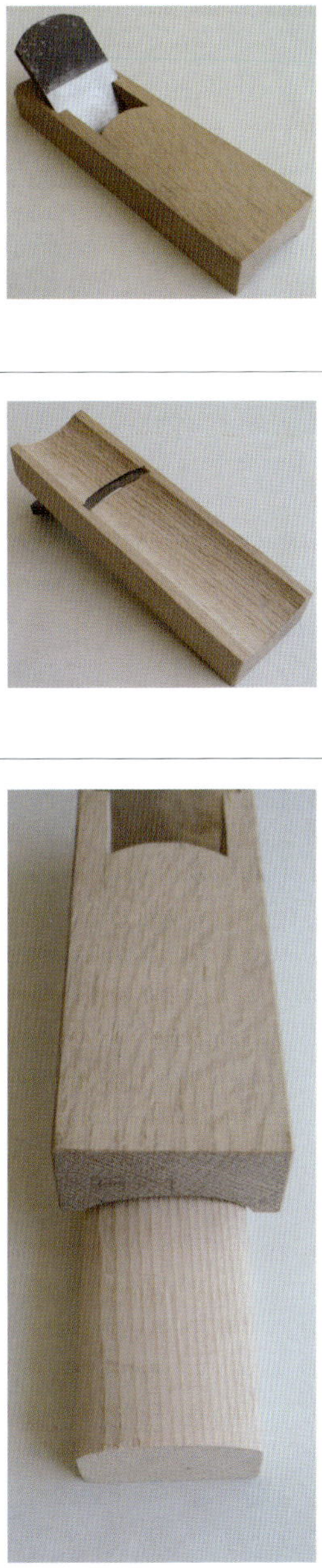

第五章

教会堂での対照、展覧会の開催

復原鉋の削り形状をもって教会堂へ

二〇一二年（平成二十四）二月末、復原鉋の削り形状をもって、上五島を訪ねた。教会堂の装飾と削り形状を対照させるためである。「鉄川与助の大工道具を調査しませんか?」と、三年前に声をかけてくれた大山かおり氏に同行してもらった。彼女に最初に合うかどうかを見てもらいたかったのである。

まず、大曽《おおそ》教会堂（一九一六年〈大正五〉完成）を訪ねた（図5－①、②）。これまで教会堂を見るときは、世界遺産登録に向けた調査だったこともあり、景観・立地・外観・内観と広角で見ていたが、今回は復原した鉋の形状に合うかと、接写レンズで見る気分である。玄関、柱、窓、天井のリブと順に見ていき、祭壇手前の聖体拝領台でピンときた。台の手摺《てす》りの笠木面が第二章（以下省略）⑫内丸鉋の凸丸面とぴったり合う（図5－③）。幅広でまろやかな仕面は、聖体拝領台にふさわしい。また、透《す》かし彫《ぼ》りの連続模様を縁取る縦桟が、⑪面取鉋と一致する（図5－④）。突起状に仕あげたものを釘で留めている。

【5－①】大曽教会堂外観

【5－②】大曽教会堂内観

【5－③】聖体拝領台笠木上面と⑫鉋仕上面との対照

【５－⑥】頭ヶ島天主堂内観

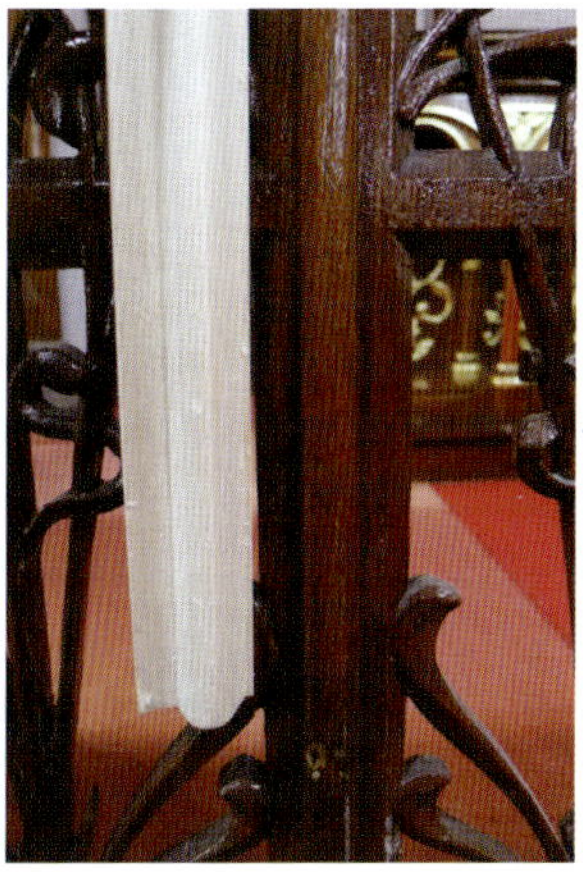

【５－④】大曾教会堂の聖体拝領台縦桟と⑪鉋仕上面との対照

【５－⑤】頭ヶ島天主堂外観

頭ヶ島天主堂の窓枠や支柱

つぎに、頭ヶ島《かしらがしま》天主堂（一九一九年〈大正八〉完成）を訪ね、内部に入った（図5－⑤、⑥）。ぴたっと合ったのが、⑦内丸鉋の仕面と窓枠である（図5－⑦）。ステンドグラスのはまる半円アーチの窓の縁に、断面が半円状の枠が装飾でつけられている。枠の幅も丸みも一致する。頭ヶ島天主堂は、鉄川与助が手がけた唯一の石造の教会堂で、ルスティカ仕げの切石積の外観、半円アーチの開口部、一室空間の内部がゴシック以前のロマネスク教会堂を彷彿とさせる。ただし室内は、壁面を漆喰で平滑に塗りあげ、天井は二段のアーチで張りだしたハンマービームトラスを青灰色のペンキ塗りで仕上げ、アーチの先端や格間には花の彫刻をつけて、全体に愛らしい印象を演出する。半円アーチ窓の、丸みを帯びた縁取りも、愛らしさにつながる。

あの鉋がこんな印象をつくりだすとは驚きでもある。

他に合う箇所がないか見てまわると、⑧面取鉋の仕上面が、鐘塔にあがる狭い階段のはじまりの支柱の足元に一致した（図5－⑧）。角面を船底状に削ぎおとす形はどこに使うのだろうと想像していたが、実際に使われている箇所を見るとなるほどと納得する。頭のハンマービームトラスや天井周りは、角面がすべて丸く仕あげられている（図5－⑨）。幅はさまざまで、凹面も凸面もある。凹面に白ペンキを筋状に塗った箇所は、意匠上効果的である。諸所の仕上形状に合う鉋があったはずだから、今回復原したよりも多くの鉋が実際には使われていたことも見えてくる。

【５－⑨】ハンマービームトラス　全ての角面が凹丸面・凸丸面で仕あげられている

【５－⑧】階段手摺支柱足元と⑧鉋仕上形状の対照

【５－⑦】窓枠と⑦鉋仕上形状の対照

青砂ヶ浦天主堂でも合致

三箇所目に、青砂ヶ浦《あおさがうら》天主堂（一九一〇年〈明治四十三〉完成）を訪ねた（図5－⑩、⑪）。この祭壇にも聖体拝領台があって（図5－⑫）、手摺りの笠木面と縦桟が、大曾教会堂と同様に⑫と⑪の鉋の仕面と一致する（図5－⑬）。青砂ヶ浦天主堂のほうが、建設が早いから、青砂ヶ浦天主堂の形状を大曾教会堂にも適用した。さらには、復原鉋でもっとも複雑な①溝鉋が、聖体拝領台手摺り笠木側面の溝状の装飾と合う（図5－⑭）。これには、大山氏と「ここだ」と声をあげた。並べて比べると、溝の幅も高さも一致する。①の鉋で削った後、凸部分を平鉋で落としている。もっとも複雑な形状は天井周りの装飾かと考えていたが、祭壇を見つめる誰もが目に

【５－⑪】青砂ヶ浦天主堂内観

【５－⑫】青砂ヶ浦天主堂　聖体拝領台

【５－⑩】青砂ヶ浦天主堂正面外観

する箇所に使われていたのである。

フランス製鉋から、鉄川与助の大工道具の使用時期は一九一〇年から一九二〇年（大正九）ごろ、時代が下がっても一九三〇年（昭和五）ごろと判断した。対照させた教会堂の完成は一九一〇～一九二〇年ごろで、使用時期を裏づける。

【５－⑬】聖体拝領台笠木面と⑫内丸鉋仕上面との対照

【５－⑭】聖体拝領台笠木側面と①溝鉋仕上面との対照

【５－⑯】鉋①の展示。鉄川与助の鉋と復原鉋、その削り形状を比較できる

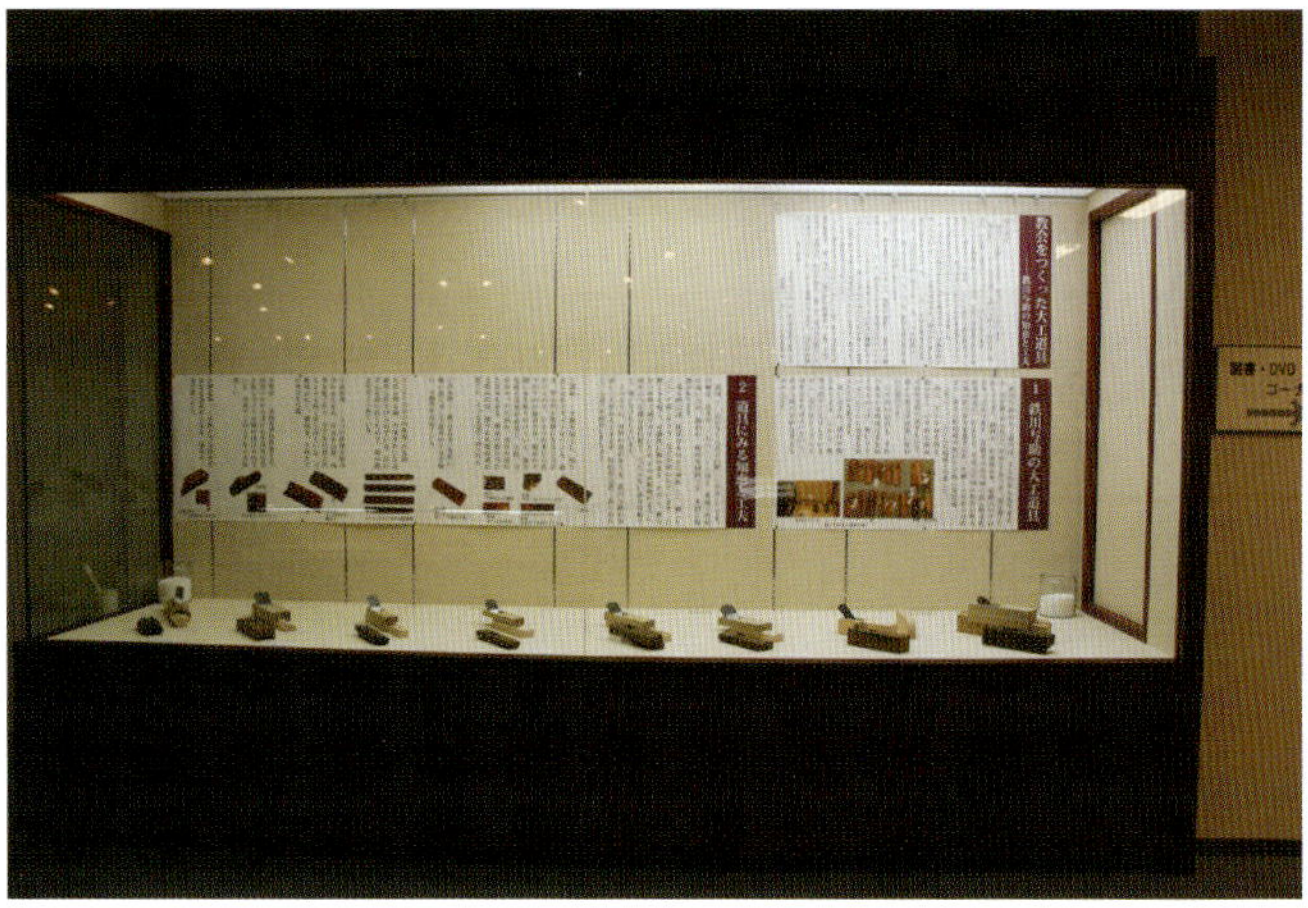

【５－⑮】新上五島町鯨賓館ミュージアムでの展示風景

展覧会開催

新上五島町鯨賓館ミュージアムから

二〇〇九年（平成二十一）からの調査成果を、広く一般に周知する段階にきたと考えて展覧会を企画した。展覧会名は「教会をつくった大工道具——鉄川与助の知恵と工夫」で、最初は、鉄川与助の大工道具を所蔵する新上五島町鯨賓館《げいひんかん》ミュージアムの協力を得て、同館で二〇一二年（平成二十四）三月二十日から五月六日まで開催した（図5－⑮）。

展示は、鉄川与助の鉋と復原した鉋を並べ、削り形状も見てもらった（図5－⑯）。調査の過程を知ってもらうために説明パネルも作成し、①鉄川与助の大工道具、②道具に見る知恵と工夫、③フランス製の鉋、④鉋の復原、⑤鉄川与助の技は遠くに、の五節で構成した。

期間中の四月十四日には、上五島歴

【５－⑰】ナガサキピースミュージアムでの展示風景

【５－⑱】旧出津救助院　遠景

史と文化の会の依頼で、このテーマについて講演した。一時間の話の後で展示室を案内していると、「昔、教会堂をつくった」という人が声をかけてくれた。うかがうと、やはり鉋が多かったとのことである。鉋の種類が多いのが、教会堂を手がけた大工の道具の特色といってよいだろう。

　二〇一二年夏の八月十四日〜九月二日には、ナガサキピースミュージアム（長崎市松ヶ枝町）で、同じ展覧会を開催した（図5－⑰）。

　すると、展覧会を見た旧出津《しつ》救助院のシスターから連絡があった。「救助院の所蔵するド・ロ神父のもたらした道具が、展示してあったマニュフランス社の通販カタログに収録されていないか」という問い合わせだった。

外海の旧出津救助院へ

　八月末、マニュフランス社のカタログをもって、旧出津救助院を訪ねた（図5－⑱）。鰯網《いわしあみ》工場を展示施設にしたド・ロ神父記念館は、私もこれまでたびたび訪れていた。展示されたフランス製や英国製などの道具はどれも興味深かった。

　旧出津救助院は長崎市街地から北西に直線距離で約二十キロの外海《そとめ》地区（長崎市西出津町）に所在する。長崎市街から車で一時間かかる場所だが、いろいろな人に見てもらいたくて、私も研究者や県外の知人を何度もお連れした。なので、シスターの「フランスのカタログに道具が載っているのではないか」という問い合わせは、新たな展開を予感させた。

　外海は、字のとおり外洋の角力灘《すもうなだ》に面する一帯で、波に洗われたけわしい斜面を切りひらいた場所である。江戸時代は大村藩に属し、大村純忠《おおむらすみただ》以来キリシタン信者が居住し、禁教の時代にあっても信仰を保ちつづけた地域である。

　パリ外国宣教会のマリク・マリ・ド・ロ神父（Marc Marie De Rotz、一八四〇年〈天保十一〉〜一九一四年〈大正三〉）は、一八七九年（明治十二）に主任司祭として外海地区に赴任する。村民の窮状を見た神父は、私財や寄付を投じて授産施設を計画した。それが出津救助院である。一八八三年（明治十六）に完成し、授産場、マカロニ工場、鰯網工場などからなる。建物の設計建設には、神父自ら携わった。構造の組み方、継手仕口《つぎてしぐち》（木材に切れ込みを入れて、木と木を継いだり、組み合わせたりする手法）、開口部の納まりなどに西洋式の技術が用いられ、外国製の金具が多用されている。明治初期における西欧建築技術の受容の一端を知ることができる。

鰯網工場は出津救助院のなかでも早くから公開されていた建物で、ド・ロ神父記念館として一九六八年（昭和四十三）から神父の事績を展示公開してきた。展示品は、宗教関係の木版画やキリシタン暦、医療関係の手術用器具や人体模型、土木関係の建築専門書、大工道具、左官道具、産業関係のソーメン・マカロニ製造用具、糸車、メリヤス編機《あみき》、ミシン、日常用品の日計簿、食器、カレンダーなどからなる。多くがド・ロ神父が海外から取りよせたものか、神父の指導によって外海でつくられたものである。

同館は一九九九年（平成十一）から三年間修理工事がおこなわれ、二〇〇二年（平成十四）には建物も創建当初の姿に復原された。また、鰯網工場を含む旧出津救助院の建物は、国内でも貴重な建築遺構として、二〇〇三年（平成十五）に重要文化財の指定を受けた。鰯網工場以外の建物は、二〇〇七年（平成十九）から修理工事がおこなわれ、訪ねたときはその最中だった。

ド・ロ神父がもたらした授産道具

現地でお会いしたのは、シスターの辻原祐子氏と学芸員の日宇美枝氏である。お話しをうかがう。

辻原氏によると、「授産場とマカロニ工場などの修理が次春の二〇一三年（平成二十五）三月に完成する。工事にあたって、授産場内部に収蔵されていた道具をすべて運びだして、別の場所に保管した。運びだしてわかったのが、道具のなかにはバラバラになったり破損したりしているものがあり、最初の状態がわからなくなって、使い方もわからないものがある。たとえば、カタログから最初の姿や使い方がわからないものだろうか」というものだった。

辻原氏にまず見せてもらったのが、足踏式の旋盤である（図5―⑲）。踏ロクロとも呼ばれ、台部の軸に木材を固定して回転させ、刃物を当てて木材周囲を削りとったり、内部に穴を穿《うが》ったりする。台は木製で、主軸やハンドルは金属製である。ただし、木製部の傷みが進み、台が崩れないように別の材木を添えて紐でくくりつけてあった。

台の上面に銘板があり、Witherby, Rugg & Richardson, Worcester, MASS. MAKERSと書かれている。アメリカのアンティーク工作機を紹介するウェブによると、Witherby, Rugg & Richardson社は、アメリカ合衆国のマサチューセッツ州ウスターに所在した木材加工機械の製造会社で、設立は一八六四年である。社名の三人が創設者で、一九〇三年まで継続した。ド・ロ神父が外海に赴任したのは一八八三年から一九一〇年ごろであるから、製造会社の経営時期と合致する。

【5―⑲】足踏み式旋盤。Witherby, Rugg & Richardson社製

東京上野の国立科学博物館には、こういった工作機械の展示が設けられている。解説に、明治政府は日本における近

代工業の確立のため、欧米からさまざまな分野の近代技術を積極的に導入したとあり、旋盤や、縦方向に穴を穿《うが》つボール盤、板を曲げるロール圧延機などを紹介する。国産の工作機械としては、明治二十二年（一八八九）につくられた池貝鉄工所製第一号旋盤が展示され、解説に、当時の工作機械は官営の機械工場などで試作される以外はほとんど輸入に頼っていたとある。ド・ロ神父が日本国内で旋盤を手に入れようとしてもむずかしかった状況がうかがえ、また輸入品としては国内でも早い例といえる。

【５－⑳】ド・ロ神父記念館（旧鰯網工場）外観

つぎに、授産場内にあった道具を別置した保管場所を見せてもらった。室内に単管パイプで二段の棚が組まれ、そこにぎっしりと道具が収蔵されている。先に見た旋盤で挽いてつくったと思われるものもある。シスターの言うとおり、たとえば織機のようだが、分解された状態で長い時間が経っていて、組立て方が容易にわからない、そんな道具が多くを占めていた。

　最後に、ド・ロ神父記念館も見せてもらった（図５－⑳）。ここにはすでに整理されたものが展示されている。一九一〇年のマニュフランス社のカタログのイラストと対照していくと、ぴったり合うものがある。医療関係の展示ケースにある、ガラス製の瓢箪型に栓のある道具は、カタログに"Siphon-Club Sparklets, grand modele, carafe cristal, forme boule, 2 litres"と説明されている道具と姿が全く一緒である（図５－㉑、㉒）。説明を訳すと、炭酸水製造器、大容量、透明ガラス製水差し、球形、２ℓ入り、となる。炭酸水というと飲料の印象が強いが、血行促進や消化を促す効果がある。医療道具として使われたのも肯ける。カタログには、別に炭酸ガスも売っている。

　こうやって展示品が何の道具なのか、辞書を引くようにカタログのイラストをもとに絵引《えびき》してくと、携帯用の手術道具、薬箱、メリヤス編機、ミシン、鞄、ランプ、メジャー、鑢《やすり》一式、大鋸、旋盤、会計簿、方位磁石、衣類、懐中時計、燭台、温度計、食器、カレンダー。あらゆるものをカタログに見いだすことができる。カタログには、メダイやロザ

【５－㉒】炭酸水製造機
Siphon-Club Sparklets, Manufacture Française
1910年カタログに掲載

【５－㉑】ド・ロ神父記念館　医療関係道具の展示、右下がカタログに合致した道具

リオまで載っている。詳細なイラストと解説から、道具ごとの名称と使用方法が明らかになる。一九一〇年のカタログには、九四〇頁に五万点の商品が収録されている。このカタログを通じて手に入れたものでないとしても、ド・ロ神父が考える外海での生活が、このカタログがあれば可能であった。

パリ外国宣教会の布教活動の下支え

ド・ロ神父の前にパリ外国宣教会から日本に派遣された宣教師は、フォルカード神父（一八一六－一八八五）が最初で、一八四四年に琉球に到着し、ジラール神父（一八二一－一八六七）が一八五九年（安政六）横浜に、ヒューレ神父とプティジャン神父が一八六二年（文久二）に横浜に上陸し、翌年長崎に赴いた。後者の二氏は、一八六四年（元治元）完成の大浦天主堂の建設に携わった神父である。

彼らの所属したパリ外国宣教会（la

【５－㉓】パリ外国宣教会　外観

【５－㉔】パリ外国宣教会神学校　外観

26 MANUFACTURE FRANÇAISE D'ARMES ET CYCLES DE SAINT-ÉTIENNE (Loire)

VUE DE NOTRE AGENCE DE SAÏGON, 32, rue Catinat.

NOS AGENCES AUX COLONIES ET A L'ÉTRANGER

EUROPE

ALLEMAGNE. — Berlin — Hambourg.
ALSACE-LORRAINE. — Château-Salins — Colmar Sainte-Marie-aux-Mines — Strasbourg.
ANGLETERRE — Londres — Jersey.
AUTRICHE-HONGRIE. — Budapest — Innsbrück — Pisek — Prague — Trieste — Vienne.
BELGIQUE. — Bruxelles — Liége — Tournai.
BULGARIE. — Sofia.
DANEMARK. — Copenhague.
ESPAGNE. — Algésiras — Alicante — Alméria — Barcelone — Cartagena — Cordoue — Gérone — Gijon — Huelva — Irun — Lorca — Madrid — Mataro — Palma de Mallorca — Pamplona — Port-Bou — Santander — Santa Cruz de Ténériffe — Saragosse — Tarragone — Tolosa — Valencia Valladolid.
GRÈCE. — Athènes — Corfou — Laurium — Patras.
HOLLANDE. — Amsterdam — La Haye — Rotterdam.
ILE DE CRÈTE. — La Canée — Rethymo.
ITALIE. — Alessandria — Ancone — Barletta — Bologna — Brescia — Campobasso — Catania — Chieti — Cremona — Firenze — Genova — Livorno — Messina — Milano — Napoli — Novara — Palermo — Piacenza — Prato — Ravenne — — Reggio d'Emilia — — Roma — Sampierdarena — Sassari — Spezia — Torino.
LUXEMBOURG. — Luxembourg.
NORVÈGE. — Christiania.
PORTUGAL. — Agueda — Braga — Chaves — Coimbra — Elvas — Evora — Horta — Figueira da Foz — Fundao — Gollega — Guarda — Leiria — Lisboa — Mafra — Porto — Punta-Delgada — Santarem — Sétubal — Torres-Novas — Villa Nova de Tazem.
ROUMANIE. — Bucarest — Craiova — Focsani — Jassy — Galatz.
RUSSIE. — Dombrowa — Karkow — Moscou — Nicolaieff — Odessa — Poltawa — Poti — Riga Samara — Stcherbinowsky-Roudnik — Tchélia-binsk — Tiflis — Varsovie.
SERBIE. — Belgrade.
SUÈDE. — Stockholm.
SUISSE. — Berne — Genève — Lausanne — Neuchâtel — Zurich.
TURQUIE D'EUROPE. — Andrinople — Cavalla Constantinople — Drama — Janina — Rodosto — Salonique — Uskub.

ASIE

ARABIE. — Aden — Mascate.
CHINE. — Canton — Hankow — Mongtsé — Pékin — Shanghaï — Tien-Tsin.
CORÉE. — Chinnampo — Pyng-Yang.
INDES ANGLAISES. — Calcutta — Bombay.
STRAITS SETTL. — Kuala-Lumpur — Penang.
JAPON. — Osaka — Yokohama.
PERSE. — Bender-Bushire — Téhéran.
SIAM. — Bangkok — Korat — Lakone.
TURQUIE D'ASIE. — Alep — Alexandrette — Bagdad Beyrouth — Brousse — Caïffa — Damas — Erzeroum — Jaffa — Jérusalem — Kérassunde — Mersine — Mitylène — Samsoun — Sivas — Smyrne — Trébizonde — Zongouldak.

COLONIES FRANÇAISES

ANNAM. — Tourane — Vinh.
CAMBODGE. — Pnom-Penh.
COCHINCHINE. — Saïgon.
INDES FRANÇAISES. — Pondichéry.
LAOS. — Bassac — Vientiane — Savannakhet.
TONKIN. — Hanoï — Lao-Kay.

AFRIQUE

AFRIQUE OCCID. PORTUGAISE. — Mossamedès — Loanda.
AFRIQUE ORIENT. ANGLAISE. — Mombasa.
EGYPTE. — Alexandrie — Le Caire — Ismaïlia.
ILE DU CAP-VERT. — Praia.
ILE MAURICE. — Port-Louis.
ILE DE SAO-THOME. — Sao-Thomé.
MAROC — Casablanca — El Ksar — El-Kbir — Mazagan — Mogador — Tanger — Tétouan.
MOZAMBIQUE. — Lourenço-Marquès.
TRIPOLITAINE. — Benghasi — Tripoli de Barbarie.
ZANZIBAR. — Zanzibar.

COLONIES FRANÇAISES

ALGER. — Aïn-Bessem — Alger — Aumale — Berrouaghia — Bordj-Menaiel — Bouira — Ménerville — Orléansville — Ténès — Téniet-El-Haad — Tizi-Ouzou
CONSTANTINE. — Bernelle — Bone — Bordj-Bou-Arréridj — Bougie — La Calle — Châteaudun-du-Rhumel — Collo — Constantine — Djidjelli — Philippeville — St-Arnaud — Sétif — Souk-Ahras — Tébessa.
ORAN. — Clinchant — Dérie — Géryville — Mascara — Mostaganem — Oran — Saïda — St-Denis-du-Sig — Sebdou — Sidi-Bel-Abbès — Tiaret — Tlemcen.
TUNISIE. — Djerba — Gabès — Gafsa — Kairouan Monastir — Sousse — Tunis.
COTE D'IVOIRE. — Grand-Bassam — Grand-Lahou.
DAHOMEY. — Cotonou.
ILES COMORES. — Mayotte.
MADAGASCAR. — Diégo-Suarez — Majunga — Mananjary — Moramanga — Sainte-Marie — Tamatave — Tananarive — Tuléar.
REUNION. — Saint-Denis.
SENEGAL ET SOUDAN. — Dakar — Rufisque — St-Louis — Tivaouane — Ziguinchor.

AMÉRIQUE

BOLIVIE. — La Paz — Potosi — Sucre.
BRÉSIL. — Campinas — Ceara — Cachoeira — Maranhão — Para — Pernambuco — Porto-Alegre Rio-de-Janeiro — Sao-Paulo — Therezina.
CANADA. — Montreal — Victoria — Wauchope.
CHILI. — Chillan — Concepcion — Ovalle — Punta-Arenas — Santiago — Talcahuano — Traiguen — Valparaiso.
COLOMBIE. — Bogota — Buenaventura — Cali — Cucuta — Pamplona — Pasto.
COSTA-RICA. — San José.
CUBA. — La Havane — Santiago de Cuba.
EQUATEUR. — Guayaquil — Machala — Quito.
ETATS-UNIS. — New-York.
LA TRINITÉ. — Port of Spain.
MEXIQUE. — Aguascalientes — Léon — Mérida — Mexico — Oaxaca — Puebla — Orizaba — San-Juan-Bautista — Vera-Cruz — Zimatlan.
PARAGUAY. — Asuncion.
PEROU. — Iquitos — Lima. — Mollendo.
REPUBLIQUE ARGENTINE. — Azul — Bahia-Blanca — Buena-Esperanza — Buenos-Ayres — Cordoba — Goya — Mendoza — Necochea — Parana — Pigüe — Puan — Rio-Cuarto — Rosario-de-Santa-Fé — Tucuman.
RÉPUBLIQUE D'HAITI. — Port-au-Prince.
RÉPUBLIQUE DE PANAMA. — Panama.
URUGUAY. — Montevideo.
VENEZUELA. — Caracas — Ciudad-Bolivar.

COLONIES FRANÇAISES

GUADELOUPE. — Le Moule — Pointe-à-Pitre.
GUYANE. — Cayenne — St-Laurent du Maroni.
MARTINIQUE. — Fort-de-France — Marin.

OCÉANIE

INDES NÉERLANDAISES. — Amboine — Batavia — Macassar — Semarang.

COLONIES FRANÇAISES

ÉTABLISSEMENTS FRANÇAIS DE L'OCÉANIE. — Papeete — Raïatea.
NOUVELLE-CALÉDONIE. — Nouméa.

Maisons à PARIS (42, *Rue du Louvre*), MARSEILLE, BORDEAUX, LILLE, TOULOUSE, NANTES, ROUEN, TOURS, etc

【5－㉖】マニュフランス社1910年版カタログの植民地や海外の顧客への説明頁、中段7行目によると日本の大阪と横浜に窓口があった

Société des Missions étrangères de Paris）は、現在もパリのバック通りに本部・礼拝堂・神学校などがある（図5－㉓〜㉕）。パリでの設立は一六六三年にさかのぼり、東アジアと東南アジアの布教と司祭育成を担う、ローマ教皇庁公認の男子宣教会として開設された。以後、三百五十年のあいだに四千人の宣教師を、タイ、ベトナム、中国、カンボジア、インド、ラオス、日本、韓国、マレーシア、シンガポール、ビルマ等に派遣した。

日本への派遣が十九世紀半ば以降に限られるのは、日本が鎖国政策をとっていたこともあるが、十九世紀初頭まではフランス革命期の迫害やフランスを取り巻く諸国の圧迫など、本国における困難もあった。一八四〇年に、それまで宣教師になれるのは聖職者に限っていたが、神学校生に門戸を開いたことによって、活動が広がった。アジア各地に派遣された宣教師のうち、多くが十九世紀初頭以降に派遣された。ド・ロ神父もそのひとりである。

【5－㉕】パリ外国宣教会礼拝堂　外観

この時代を、歴史分野では「十九世紀の世界的な宣教の春の時代」と呼ぶ。その背景には、十八世紀の産業革命によって工業化と交通動力の大転換が起こり、十九世紀後半には非工業地域に工業化地域が進出していったことも連動している。

【5－㉗】絵画「旅立ち」

マニュフランス社の一九一〇年版カタログには、植民地や海外の顧客への説明頁がある（図5－㉖）。販売窓口は、フランス国内の支店に加え、ヨーロッパ、アジア、アフリカ、南米、オセアニアの代理店が窓口となった。アジアの項目には日本の代理店として大阪と横浜があり、日本でも取引可能だった。タイ、ベトナム、中国、韓国、カンボジア、ビルマなど、パリ外国宣教会の宣教師たちが赴任した各地にもくまなく代理店がある。こうやって見てくると、パリ外国宣教会の布教活動はけっしてやみくもなものではなく、現地での宣教師の生活を下支えする物資の手配は充分に整っていた。だからこそ、アジア各地に入っていけたともいえる。このようなカタログを通じて取り寄せられた道具によって支えられ、西洋式の道具や技術の伝来につながったことも推察される。

パリ外国宣教会の礼拝堂には、「旅立ち」（The Departure　1868年）と名づけられた絵画が掛かる（図5－㉗）。礼拝堂での宣教師の旅立ちの儀式を描いたものである。ある人は家族と固く抱擁し、ある人はガウンの裾に接吻を受けている。ド・ロ神父も同様の別れを経験した。ド・ロ神父は、現在は、外海の共同墓地に眠る。

第六章

鉄川与助の知恵と工夫、建物総覧

頭ヶ島天主堂の設計アイディア

鉄川与助ご孫子の鉄川進氏の手元に、与助が大正六年（一九一七）と大正八年（一九一九）に書き記した『当用日記』が残されている。大正六年から八年は、与助が江上天主堂、大水天主堂、田平天主堂、頭ヶ島天主堂、丸尾の自宅等を手がけた時期である。日記には大工、木挽、石工等のその日に働いた人数、神父との打合せ、購入したものの出納等が記されている。建築ではこういった記録を出面《でづら》と呼び、職人に賃金を支払うための根拠とする。大工の仕事には、設計や手仕事のほかに算用合い、すなわち勘定《かんじょう》の才が求められる。この当用日記は、与助の仕事の才がうかがえる貴重な記録である。教会堂をどのように建てたかも知ることができる。

【６－②】『美術的建築』の与助が紙片を挟みこんだ頁（鉄川進氏所蔵）

　記録のなかで、教会堂建設に関わる主要な記事については、川上秀人氏によって『新上五島町崎浦の五島石集落景観保存計画』（平成二十四年五月、長崎県新上五島町）に翻刻整理されている。このうち田平天主堂については、『長崎の教会堂―風景のなかの建築』（木方十根《きかたじゅうね》氏との共著、二〇一六、河出書房新社）で、大正六年三月から十二月までの建設過程を日付順に紹介した。このとき、記事を書き出しながら気になったのが、同年十一月六日の「東京院へ美術的建築書ヲ注文ス、四円四十銭」の項である。与助が東京に『美術的建築』という書籍を注文している。

　進氏の設計事務所にうかがって、当用日記を拝見し、与助から受け継いだ書棚も見せていただいた。すると、この『美術的建築』が書棚に並んでいる（図６－①）。手に取らせてもらうと、紙片が挟み込まれた頁《ページ》が何箇所かある。その箇所を開くと、古代神殿建築の門や窓の装飾を解説する頁である（図６－②）。挿図は、頭ヶ島天主堂の入口や窓のアーチ上部の石積みとそっくりである。

【６－①】与助が購入した『美術的建築』表紙（鉄川進氏所蔵）

進氏によると、紙片は与助が挟んだときの状態のままだという。本の奥付を見ると、発行は大正六年十一月三十一日である。『当用日記』の大正六年十二月二十一日項に「東京書院ヨリ美術建築書着ス」とあり、与助は発行後まもなく本を手に入れている。

『美術的建築』と中村與資平

この『美術的建築』は、建築家中村與《よ》資平《しへい》によって、一九一七年に東京書院から翻訳出版された。中村與資平については、西澤泰彦氏の論稿が詳しい。ここに紹介させていただく。

中村與資平（一八八〇〈明治十三〉～一九六三〈昭和三十八〉）は、東京帝国大学建築学科卒業後、一九〇五年夏に辰野葛西事務所に入所した。一九〇七年（明治四十）末には同事務所から出向して、第一銀行韓国総支店臨時建築部工務長を任命され、住居も京城《ソウル》に移す。一九一二年一月に先の銀行が朝鮮銀行本店として完成すると、同年、京城に中村建築事務所を開設し、以後、朝鮮半島に建設された朝鮮銀行支店や設立された民間銀行の多くの設計を手がけた。一九一七年には朝鮮銀行大連支店の新築に伴い、出張部と工事部を大連に開設する。『美術的建築』の出版はこの年である。中村が翻訳したのはリーズ（W.H. LEEDS）編集の*Treatise on the Decorative Part of Civil Architecture*（『公共建築装飾論』一八六二年、ロンドン）で、原著はチェンバース（Sir William CHAMBERS）著*Treatise on Civil Architecture*（『公共建築論』一七五九年）の改題版*Treatise on the Decorative Part of Civil Architecture*（一七九一年）にギルト（Joseph GWILT）がGrecian Architecture（「ギリシャ建築」）を加筆・再版し、さらにリーズが再編集したものである。中村の朝鮮半島と中国東北部における設計活動は、一九二二年（大正十一）の東京転居までつづく。

【6－③】朝鮮銀行本店（中村與資平設計、1912年、韓国ソウル）

すなわち、中村與資平が『美術的建築』の翻訳を手がけたのは、朝鮮銀行本店を四年をかけて完成させ（図6－③）、自らの事務所を京城に立ち上げ、朝鮮半島の各地に銀行建築を手がけた時期にあたる。朝鮮銀行本店は、中村が辰野葛西事務所に入所した後、ひとつの建物の設計すべてを担当した最初の建物だったという。そのデザインは、中央に車寄せを設け、両翼を張り出して神殿風の破風《はふ》を載せ、左右両脇にはドームをもつ円形塔を備える。古典建築を発展させた様式で、全体に華やかな印象をもつ。

東京帝国大学建築学科前身の工部大学校建築学科の時代から、卒業生が求められたのは、こういった西洋式の大規模公共建築の設計であった。とくに中村與資平が多く手がけた銀行建築で好まれたのが、古典建築に範をもつ建築デザインであった。朝鮮半島で多くの銀行建築に関わるなかで、中村がリーズの編書を翻訳し、『美術的建築』として出版しようと考えたのも頷ける。

同書の序で中村は、〈原著Civil Architectureは、（中略）其説ところ建築術に於ける装飾的方面の要素を網羅し、凡ての柱式に渉る建築家、常に本書を播いて、その原理に考へ、之を実務に施さば、裨益するところ、蓋し鮮少ならざる可し〉と述べている。すなわち、原著は建築術における装飾要素を網羅している。すべての柱式に関わる建築家は、この本を常に播いて原理を考え実務に施せば、助けとなること、少なくないにちがいないと、原著を高く評価している。この柱式とは、建築でいうオーダーのことで、建築の構築的体系とその秩序のことをいい、後に古代ギリシャやローマの古典建築様式における円柱の形式と、その太さを基準として建築全体にわたる比例の体系をいう。目次を見ると、タスカン式、ドリック式、アイオニック式、混成式、コリンシャン式と、各様式の解説がつづく。

翻訳に至った背景として、先の序に、原著は国内に数冊あるのみで、海外で絶版になっており、中村が手に入れるために、海外の新聞紙上に広告してようやく一冊を手に入れたとある。また翻訳にあたっては、原文通りではなく、本論の柱式については原図を再録し説明も充実させ、その前段となる序章や建築の起源については大略に留めたという。中村は、より実務家向けの内容にしようと努めた。

与助が紙片を挟んだ頁

『美術的建築』に与助が紙片を挟み込んだ頁は、いずれも図版頁である。八箇所にあり、順に、柱内法、迫持揃及び迫持（アーケードとアーチ）、迫持上の迫持、門の装飾、窓、弓形折上天井、チェンバース設計の小神殿風建物、同設計の門の頁にある。中村の意図した、実務家向けに充実させた原図を参考にしている。

本の購入時期と紙片を挟んだ頁の内容から見て、与助は本書を頭ヶ島天主堂の設計のために購入したと見てまちがいない。本書が古代ギリシャ・ローマの石造建築を主とすることから、与助が手がけたなかで唯一の石造教会堂に、大いに影響を与えただろう。

実際に、本書を見た上で頭ヶ島天主堂を見ると、門の装飾で紹介されている図版は天主堂の塔屋入口アーチの装飾に（図6－④－1、2）、窓で紹介されている図版は玄関扉上部の石積みにそっくりである（図6－⑤－1、2）。石の継ぎ目、形、プロポーションまで、酷似している。また、チェンバース設計の小神殿風建物の一層目の石積みも、天主堂の側面窓の石積みに似ている（図6－⑥－1、2）。

林一馬氏が、『長崎の教会堂』（九州労金長崎県本部、二〇〇二）で、頭ヶ島天主堂に用いられているルスティカ積み（石造建築で目地を際だたせたり、石材面を突出させたり表面のでこぼ

【6－④－1】『美術的建築』門の装飾図版

【6－④－2】頭ヶ島天主堂の塔屋入口アーチ

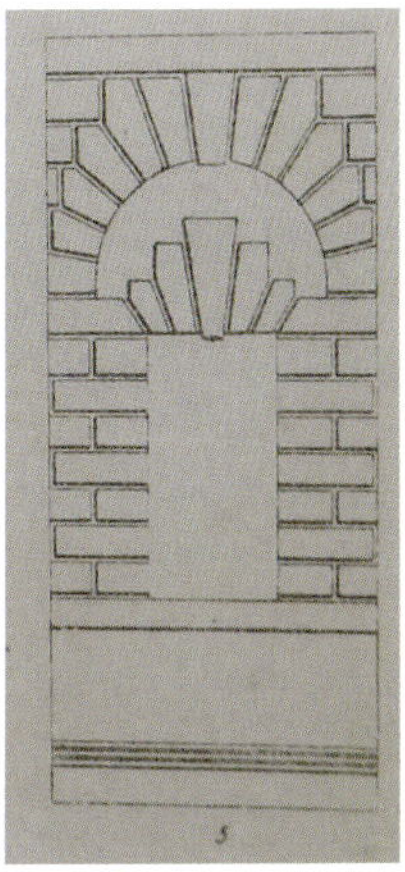
【6－⑤－1】『美術的建築』窓の図版

【6－⑤－2】頭ヶ島天主堂の玄関扉上部の石積み

【６－⑥－１】『美術的建築』チェンバース設計の小神殿風建物の一層目の石積み

【６－⑥－２】頭ヶ島天主堂の側面窓の石積み

こを目立たせて、荒々しく力強い表情を持たせる技法）の手法を与助はどのように習得したのであろうかと述べている。この本の存在が、その答えとなるだろう。

佐世保・聖心幼稚園園舎

二〇一七年（平成二十九）二月の終わり、長崎市内であった長崎ヘリテージマネージャー懇親会で、佐世保市の建築家から、つぎのように話を聞いた。

〈鉄川与助が佐世保につくった聖心幼稚園園舎が今度取り壊されることになったんです。僕の卒業した幼稚園で、あんないい園舎はなかった。各方面から協力を得て調査や保存の働きかけもしたんだけど難しかった。与助が手がけたなかで、教会以外で残る唯一の建物だった。残念でなりません。〉

園舎は、佐世保駅から見える高台に建つ、三浦町教会堂の敷地内に位置する（図6－⑦）。完成は、昭和五年（一九三〇）、鉄筋コンクリート（RC）造二階建てで、与助が手がけたRC造の早い例である。

その後、幸いに修道院のシスターから見学の許しを得て、私も内部を拝見した。二階建てだが、敷地に高低差があるため、教会堂から入りやすい二階に広いホールを設け（図6－⑧）、一階に教室が並んでいる。内部の間仕切りなどに後世の

【6－⑦】旧聖心幼稚園園舎　正面外観

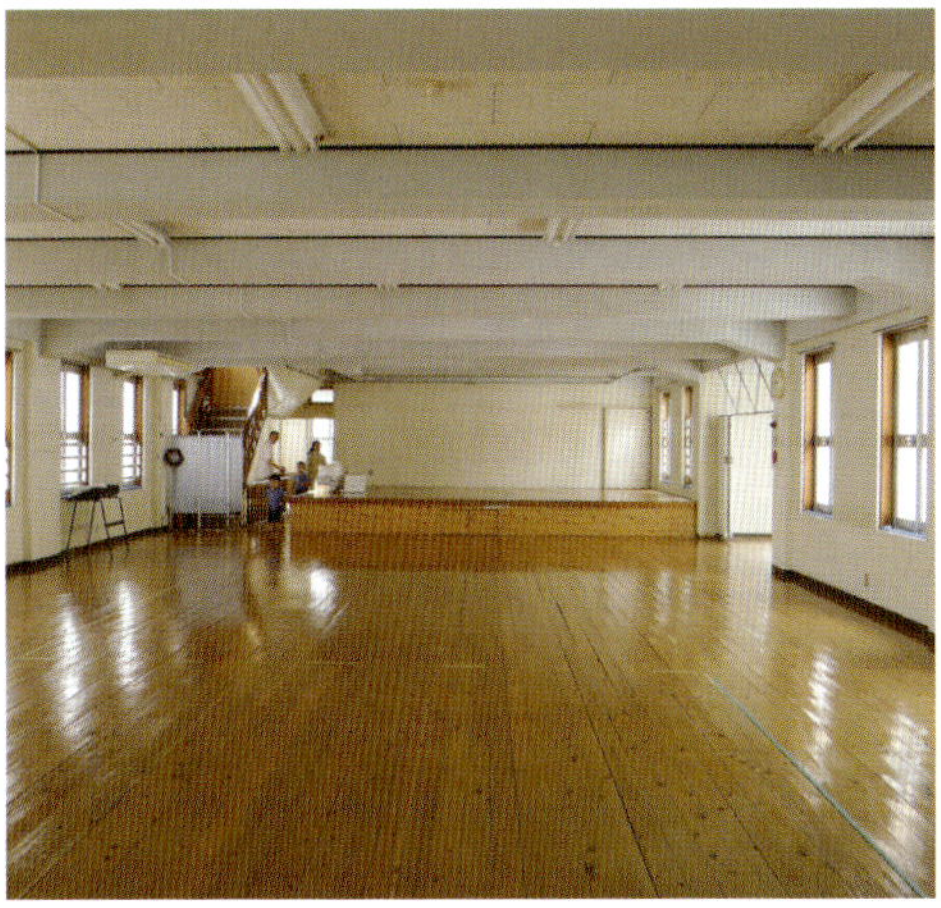

【6－⑧】旧聖心幼稚園園舎　二階講堂

改変があるものの、外観内観ともに当初の様子をよく留めている。とくに、外観正面の突き出した玄関部分は、印象的なデザインで、多くの園児を温かく迎え入れた様子がうかがえた。

鉄川与助の手がけた建物総覧

これまで、鉄川与助（一八七八〜一九七六）が携わった教会堂を中心に見てきた。与助は、教会堂以外に、寺院・学校・役場・病院なども手がけている。多くが建て替わっているが、この機会に総覧を試みた。鉄川工務店が『私たちの歩み、鉄川工務店経歴書』（一九六七年頃）に紹介する経歴から、創業時の明治三十九年（一九〇六）から昭和二十六年（一九五一）までの工事を一覧にした（表6－1）。昭和二十六年までとしたのは、この年に完成した愛野教会堂が今も残るからである。

この四十五年間は、与助の二十八歳から七十三歳の時期にあたる。与助が教会堂の建築技術を学んだのは「五島に住んでいたアセペール（ア・セ・ペリュ）神父で、リブヴォルト天井をかける方法と幾何学を学んだ」という。その舞台となったのは、明治三十二年建設の旧曽根教会堂（図6－⑨）だと思われるが、この経歴には入っていない。与助が先代から家業を継いで鉄川組を名乗るのは明治三十九年からなので、まだ当主ではないとして経歴に含んでいないのかもしれない。鉄川工務店に名称を変えるのは昭和二十四年（一九四九）である。

【6－⑨】旧曽根教会堂外観古写真（曽根教会堂所蔵）

表には、経歴にある工事名、施工場所（現在の住所）、発注者（発注者住所）、設計施工の種別、構造、竣工、現存の有無を記した。失われた建物は、いつまで存続したかを示し、当時の写真を探索した。調べてみると、竣工年が数年ずれているものが多い。鉄川進氏によると、経歴は与助の記憶を聞き書きでつくったものだという。今回調べた結果明らかになった建物の完成年は、竣工年の後に括弧書きで示した。

　まず与助の活動範囲を見てみよう。所在地を地図に示したのが図6－⑩である。五島列島の、北から野崎島、中通島、頭ヶ島、若松島、奈留島、久賀島、福江島にくまなく教会堂を建てている。五島列島につづく、平戸島、天草も活動範囲に入る。地理上も歴史上も、近しい関係にある地域だから頷ける。

　長崎市内は、ド・ロ神父の下で手がけた大正四年（一九一五）完成の大浦天主堂司祭館（旧長崎大司教館）以降、手がける工事が増えていく。それに備えて、大正二年に事務所を長崎市に構えた。以降、浦上地区の神学校や修道院の充実に、大きな役割を果たした。活動の主は長崎県内だが、長崎県外の、佐賀・福岡・北九州・熊本・宮崎の教会堂も手がけている。長崎から異動した神父や、五島から信者が新天地を求めた折に、教会堂建設に携わった。

　教会堂と併せて多く手がけているのが、教会境内の司祭館、そして修道院施設である。修道院は、農耕、養蚕、機織、養育、幼児教育などの役割を担った。とくに田平にあった平戸口社会館は、二階建ての大規模な木造建築であった。田平の戦前の集合写真を見ると、この建物の前で撮影しているものが多い。親しまれた存在だった。

　また、キリスト教学校の、長崎の海星学園、純心女子学園の建設にも携わった。純心女子学園は、昭和十二年から十六年にかけて、本校舎、付属幼稚園、奉安殿、職員住宅、弓道場とつぎつぎに手がけている。創立者江角ヤス氏の、厚い信頼を得たことがうかがえる。

　公共建築は、地元上五島の魚目周辺の小学校や診療所のほか、奈留島で手がけたものが多い。江上天主堂を大正六年に完成させた後、昭和十年から十四年にかけて、避病院、村役場、公会堂、漁協削節《けずりぶし》工場、江上小学校、同奉安殿を建てている。いずれも発注者は、宿輪静磨《しくわしずま》である。宿輪氏は、大正十五年から昭和二十一年にかけて、四期二十一年間、村長を務め、漁業組合長も兼任した。父親の宿輪卓爾《たくじ》も村長で、二代にわたる福祉行政の実現は、当時の他町村から羨まれたという。昭和十一年完成の村役場は、玄関車寄せにトスカナ式の柱を立てた、洋風建築である。正面の軒先が折れ上がり、そこに村章をあしらったデザインを記憶する人も少なくない。

　このように見てくると、教会堂に限らず、どの仕事も手始めの仕事が縁となって、つぎの仕事につながっている。信頼が得られれば、仕事はつづくのである。

　そのため、与助は、いずれの仕事も、時代を先取りする意匠、材料、構法に、知恵と工夫を凝らした。

　一覧にしてみると、現存する建物は、教会堂や寺院本堂に限られる。教会堂も、レンガ造、石造、RC造に耐久性がある。木造の建物は、多くが風雨や劣化によって傷み、建て替えられている。そして、原爆による損失も大きい。浦上にあった、浦上天主堂と関連施設、常清修道院、純心女子学園は、甚大な被害を受けた。これらが残っていれば、浦上に与助による見事な建築群が見られたことだろう。以下、調べるなかで明らかになった各建物の様子を年代順に紹介する。なお、現存する教会堂のうち、『長崎の教会堂─風景のなかの建築』で解説したものはここでは省略した。

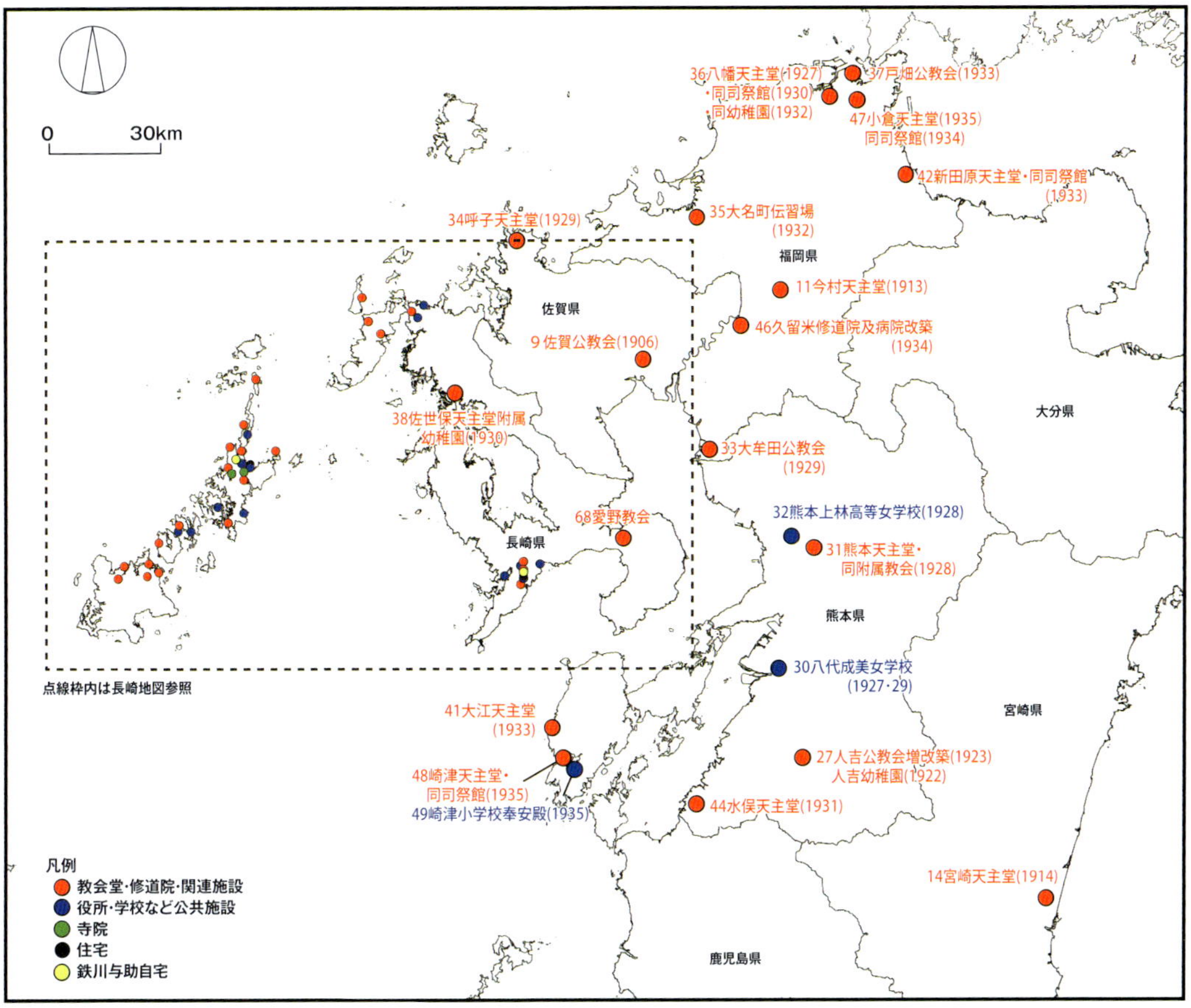

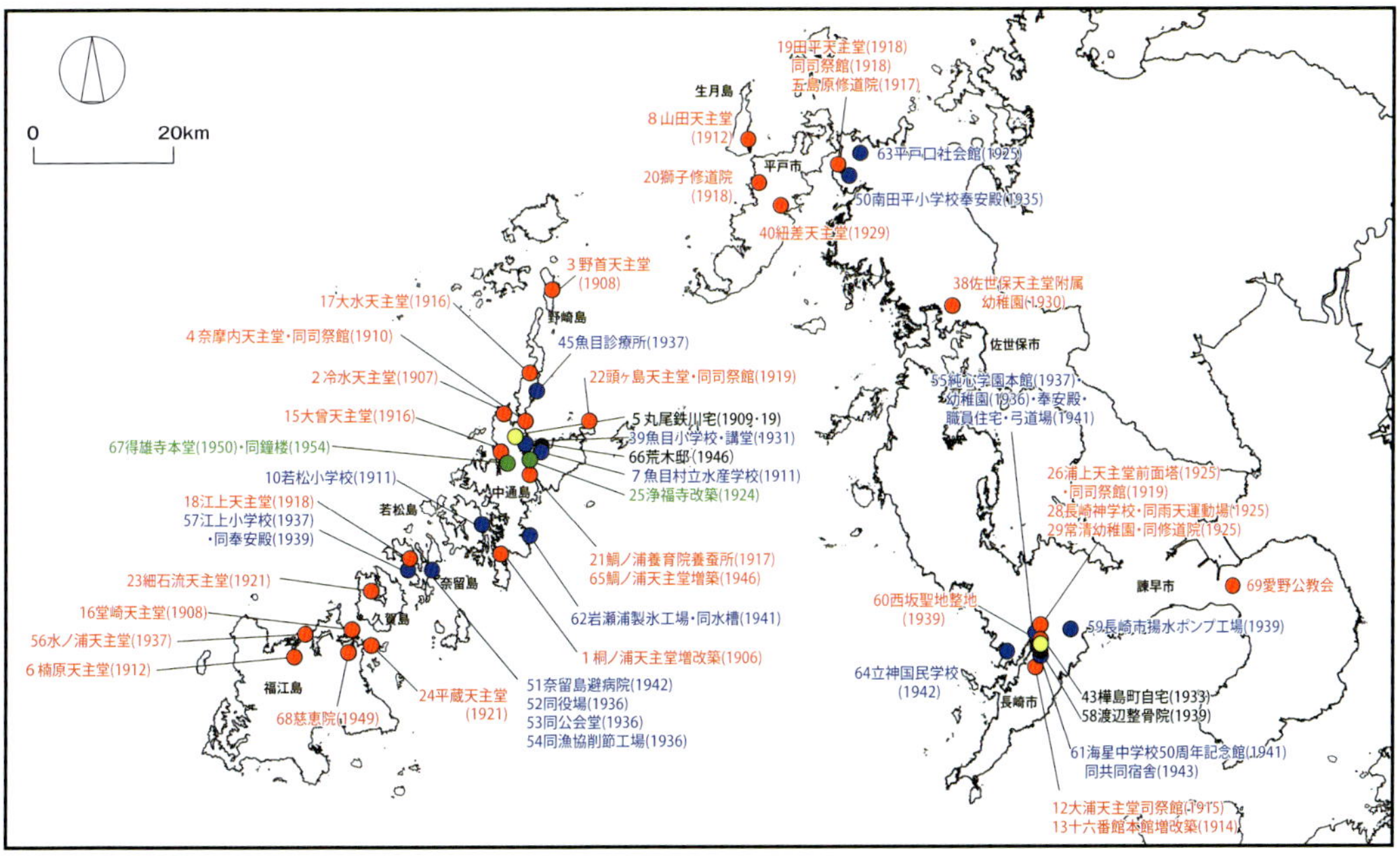

【図６－⑩】　与助の活動範囲の地図。上　九州　下　長崎

表６－１　鉄川与助の手がけた建物総覧　※⑦に記載のあるもの以外の写真は著者撮影

工事名	①所在地 ②発注者（発注者の当時の住所） ③竣工年次（他資料からの完成年） ④構造 ⑤設計・施工 ⑥現存の有無 ⑦古写真出典
❶ 桐ノ浦天主堂増改築 	①長崎県新上五島町桐古里郷 ②ア・ヒウゼ師（南松浦郡若松村） ③明治39年11月 ④一部レンガ造・木造・平家建 ⑤設計・施工 ⑥昭和33年建替 ⑦新上五島町提供
❷ 冷水天主堂新築  	①長崎県新上五島町網上郷 ②大崎八重師（南松浦郡青方村） ③明治40年10月 ④木造・平家建 ⑤設計・施工 ⑥現存。正面塔は昭和35年に付加
❸ 野首天主堂新築  	①長崎県小値賀町野崎郷野首 ②中田藤吉氏（北松浦郡前方村） ③明治41年11月 ④レンガ造・平家建 ⑤設計・施工 ⑥現存

❹-1 奈摩内天主堂新築 （青砂ヶ浦天主堂）  	①長崎県新上五島町奈摩郷 ②大崎八重師（先記と同） ③明治43年8月 ④レンガ造・平家建 ⑤設計・施工 ⑥現存
❹-2 奈摩内司祭館新築  	①長崎県新上五島町奈摩郷 ②大崎八重師（先記と同） ③明治43年6月 ④木造・平家建 ⑤設計・施工 ⑥1973年解体 ⑦『青砂ヶ浦小教区史』2002年、構造はトラス
❺-1 丸尾鉄川宅新築 	①長崎県新上五島町丸尾郷 ②明治42年12月 ④木造・2階建 ⑤設計・施工 ⑥レンガ塀のみ現存 ⑦西日本新聞1991年5月11日号
❺-2 丸尾鉄川宅新築	①長崎県新上五島町丸尾郷 ③大正8年9月 ④木造・2階建 ⑤設計・施工 ⑥現存せず

❻ 楠原天主堂新築

①長崎県五島市岐宿町楠原
②チリ師(南松浦郡岐宿村)
③明治43年11月(明治45年)
④レンガ造・平家建
⑤設計・施工
⑥現存

❼ 魚目村立水産学校新築

新上五島町浦桑の祖父君神社東側。明治42年5月開校認可。同44年11月校舎完成(『新魚目町郷土誌』)。

①長崎県新上五島町浦桑郷
②魚目村長(南松浦郡)
③明治43年10月(明治44年11月)
④木造・平家建
⑤施工
⑥大正5年7月廃止。その後大正15年まで榎津小学校浦桑分教場校舎、大正15年焼失

❽ 山田天主堂新築

①長崎県平戸市生月町山田免
②片岡高俊師(北松浦郡生月村)
③明治44年11月(大正元年)
④レンガ造・平家建
⑤設計・施工
⑥現存(昭和45年に正面に塔を増築、外壁改築)
⑦九州歴史資料館所蔵『道標一過去から現在、そして未来へ』2012

❾ 佐賀公教会新築

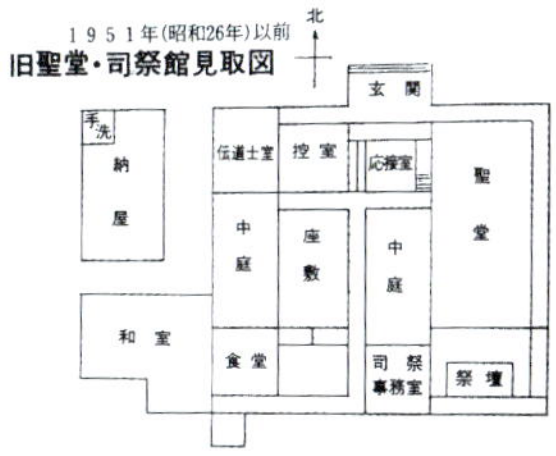

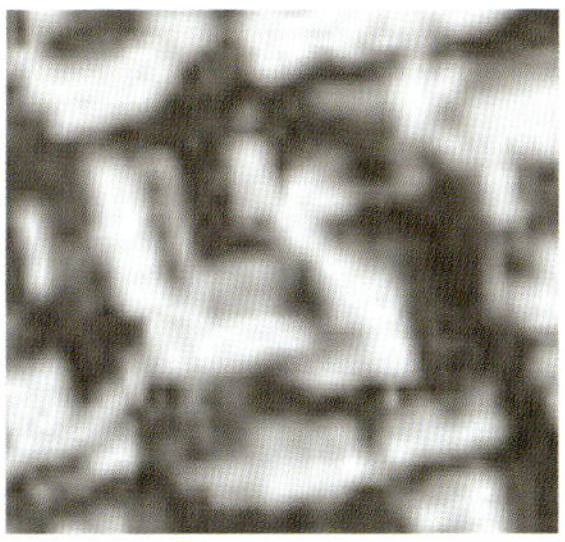

①佐賀市中央本町
②平山師(佐賀市)
③明治44年10月(明治39年)
④木造・平家建
⑤設計・施工
⑥1951年建替
⑦上:『佐賀カトリック教会史』1984、下:昭和23年撮影米軍航空写真

❿ 若松小学校新築

①長崎県新上五島町若松郷
②若松村長(南松浦郡)
③明治45年1月(明治44年)
④木造・平家建
⑤施工
⑥昭和31年校舎移転
⑦昭和40年国土地理院航空写真

⓫ 今村天主堂新築

①福岡県大刀洗町今
②本田保師(福岡県大刀洗町)
③明治45年3月(大正2年12月)
④レンガ造・平家建
⑤設計・施工
⑥現存

⑫ 大浦天主堂司祭館新築
(旧長崎大司教館)

①長崎市南山手町
②ドロ師(長崎市南山手町)
③大正4年2月
④レンガ造・2階建
⑤設計・施工
⑥現存

⑬ 十六番館本館増改築

①長崎市南山手町
②長崎公教会(長崎市南山手町16番地)
③大正3年6月
④レンガ造・平家建
⑤設計・施工
⑥現存。マリア園礼拝堂か

⑭ 宮崎天主堂新築

①宮崎市南広島通3丁目
②ゴヨリ師(宮崎市宮崎公教会)
③大正3年12月
④木造・平家建
⑤設計・施工
⑥1974年宮崎市広島1-3-23に移転新築、2015年同市吉村町に移転新築
⑦昭和37年国土地理院航空写真

⑮ 大曽天主堂新築

①長崎県新上五島町青方郷
②大崎八重師(南松浦郡青方村)
③大正5年10月
④レンガ造・平家建
⑤設計・施工
⑥現存

⑯ 堂崎天主堂新築

①長崎県五島市奥浦町堂崎
②アゼベール師(南松浦郡奥浦村)
③大正6年6月(明治41年)
④レンガ造・平家建
⑤設計・施工
⑥現存

⑰ 大水天主堂新築

①長崎県新上五島町曽根郷大水
②水田師(南松浦郡北魚目村)
③大正6年10月(大正5年8月)
④木造・平家建
⑤設計・施工
⑥1985年建替
⑦『カトリック大司教区百年のあゆみ』昭和40年

⑱ 江上天主堂新築

①長崎県五島市奈留町大串
②島田喜茂師(南松浦郡奈留島村)
③大正6年4月(大正7年)
④木造・2階楽堂
⑤設計・施工
⑥現存

⑲-1 田平天主堂新築

①長崎県平戸市田平町小手田免
②中田藤吉師(北松浦郡南田平町)
③大正6年10月(大正7年5月)
④レンガ造・平家建
⑤設計・施工
⑥現存

㉒-2 頭ヶ島司祭館新築

①長崎県新上五島町友住郷
②片岡高俊師（北松浦郡生月村）
③大正8年5月
④石造･平家建
⑤設計･施工
⑥現存

㉓ 細石流天主堂新築

①長崎県五島市猪之木町
②島田喜造師（南松浦郡久賀島村）
③大正9年5月（大正10年11月）
④木造･2階楽堂
⑤設計･施工
⑥1971年廃堂
⑦『カトリック大司教区百年のあゆみ』

㉔ 平蔵天主堂新築（旧浦頭教会堂）

①長崎県五島市平蔵町
②出口一太郎師（南松浦郡奥浦村）
③大正10年6月
④木造･2階楽堂
⑤設計･施工
⑥昭和43年新教会堂建設に伴い移築。信徒会館として昭和54年まで使用
⑦『カトリック大司教区百年のあゆみ』

㉕ 浄福寺改築

①長崎県新上五島町浦桑郷
②浄福寺（南松浦郡魚目村）
③大正10年11月（大正13年3月）
④木造･平家建
⑤設計･施工
⑥昭和56年建替
⑦浄福寺所蔵

㉖-1 浦上司祭館新築

①長崎市浦上町
②ア･ヒウゼ師（長崎市本尾町）
③大正11年2月（大正8年）
④レンガ造･平家建
⑤設計･施工
⑥原爆消失
⑦『神の家族400年･浦上小教区沿革史』1983

⑲-2 田平司祭館新築

①同上
②中田藤吉師（⑲-1と同）
③大正7年9月
④木造･平家建
⑤設計･施工
⑥現存

⑲-3 五島原修道院新築

①長崎県平戸市田平町下寺免
②中田藤吉師（⑲-1と同）
③大正6年9月
④木造･2階建
⑤設計･施工
⑥1977年建替
⑦『田平修道院78年の歩み』1995

⑳ 獅子修道院新築

①長崎県平戸市獅子町
②マタラ師（北松浦郡中津良村）
③大正7年8月
④木造･2階建
⑤設計･施工

㉑ 鯛ノ浦養育院養蚕所新築

①長崎県新上五島町鯛ノ浦郷
②大崎八重師（南松浦郡有川町）
③大正6年10月
④木造･平家建
⑤設計･施工
⑥現存せず
⑦『鯛之浦修道院100年の歩み』昭和55年

㉒-1 頭ヶ島天主堂新築

①長崎県新上五島町友住郷
②大崎八重師
③大正8年5月
④石造･2階楽堂鐘楼付
⑤設計･施工
⑥現存

㉘-1 長崎神学校新築
(聖フランシスコ病院)

①長崎市小峰町
②ガラセ師(長崎市本原町2丁目)
③大正12年9月(大正14年12月)
④鉄筋コンクリート造・3階建
⑤設計・施工
⑥1970年建替、昭和18年男子フランシスコ会が神学校を結核療養所として浦上第一病院開設、昭和20年原爆で内部焼失、修復後聖フランシスコ病院開設
⑦鉄川進氏所蔵

㉘-2 長崎神学校雨天運動場新築

①長崎市小峰町
②ガラセ師
③大正14年3月
④鉄筋コンクリート造・平家建
⑤設計・施工
⑥原爆で壊滅

㉙-1 常清幼稚園改築

左から常清実践女学校、修道院、幼稚園

①長崎市上野町
②ア・ヒウゼ師(長崎市上野町)
③大正14年11月
④木造及びレンガ造・平家建
⑤設計・施工
⑥原爆投下で壊滅
⑦ショファイユの幼きイエズス修道会所蔵

㉙-2 常清修道院新築

①長崎市上野町
②ア・ヒウゼ師
③大正14年11月
④鉄筋コンクリート造・平家建
⑤設計・施工
⑥原爆投下で壊滅
⑦『途杖100年』1977

㉖-2 浦上天主堂前面塔新築

①長崎市浦上町
②ア・ヒウゼ師(長崎市本尾町)
③大正13年3月(大正14年)
④レンガ造・平家建
⑤設計・施工
⑥原爆倒壊。塔ドームは長崎原爆遺構
⑦『神の家族400年・浦上小教区沿革史』1983

㉗-1 人吉幼稚園新築

大正4年建設の幼稚園に大正11年増築

①熊本県人吉市寺町
②脇田浅太郎師(熊本県人吉市)
③大正11年6月
④木造・平家建
⑤設計・施工
⑥1956年新教会堂用地に
⑦『カトリック人吉教会の100年』2001

㉗-2 人吉公教会増改築
(人吉教会司祭館・信徒会館)

明治36年建設の旧教会堂を大正11年に第二次拡張工事

①熊本県人吉市寺町
②脇田浅太郎師
③大正11年11月(大正12年春)
④木造・平家建
⑤設計・施工
⑥現存

㉚ 八代成美女学校新築
（現、八代白百合学園）

①熊本県八代市通町
②副司教（熊本県八代市）
③昭和2年5月（昭和4年4月には改築工事も）
④木造・2階建
⑤設計・施工
⑥昭和38年建替・2009年移転
⑦『卒業記念写真帳、八代成美高等女学校』1935

㉛-1 熊本天主堂新築

①熊本県熊本市上通町
②熊本公教会
③昭和3年12月
④鉄筋コンクリート造・2階建
⑤設計・施工
⑥現存。建設時の天井は濃色の彩色だった

㉛-2 熊本天主堂附属教会新築

新聖堂建設にあたり東に移動した1894年建設の旧聖堂か

①熊本県熊本市上通町
②熊本公教会
③昭和3年12月
④木造・平家建
⑤設計・施工
⑥現存せず
⑦『宣教百年の歩み』1989

㉜ 熊本上林高等女学校新築
（現、熊本信愛女学院）

右側の建物が講堂

①熊本県熊本市上林町
②熊本公教会
③昭和4年6月（昭和3年建設の講堂か）
④木造・2階建
⑤設計・施工
⑥1970年頃建替
⑦『熊本信愛女学院七十年のあゆみ』昭和47年

㉝ 大牟田公教会新築

①福岡県大牟田市有明町
②熊本公教会
③昭和4年10月
④木造・平家建
⑤設計・施工
⑥昭和20年空襲被害
　1952年建替

㉞ 呼子天主堂新築

①佐賀県唐津市呼子町
②呼子公教会（佐賀県東松浦郡）
③昭和4年12月
④木造・平家建
⑤設計・施工
⑥現存

㉟ 大名町伝習場新築

1938年頃。左から1896年造赤レンガ聖堂、伝道館（これか）、司祭館、1938年造木造聖堂。

①福岡県福岡市中央区大名町
②ジョリ師（福岡市大名町）
③昭和4年12月（昭和7年完成の伝道館か）
④木造・平家建
⑤設計・施工
⑥戦災を免れたものの伝道館は昭和31年の航空写真には確認できず
⑦『大名町教会百年史1887-1986』1986

㊴-1 魚目小学校新築

①長崎県新上五島町榎津郷
②魚目村長中口茂喜(南松浦郡)
③昭和6年6月
④鉄筋コンクリート造・3階建
⑤設計・施工
⑥平成14年建替、門柱は現存
⑦『絆、白亜の校舎、想い出永遠』平成14年

㊴-2 魚目小学校講堂新築

①、②同上
③昭和6年6月
④木造・平家建
⑤設計・施工
⑥1980年頃解体
⑦『絆、白亜の校舎、想い出永遠』平成14年

㊵ 紐差天主堂新築

①長崎県平戸市紐差
②荻原師(北松浦郡紐差村)
③昭和7年6月(昭和4年)
④鉄筋コンクリート造地下室付・2階建
⑤設計・施工
⑥現存

㊱-1 八幡司祭館新築

①福岡県北九州市八幡東区天神町
②八幡公教会
③昭和5年12月
④木造・平家建
⑤設計・施工
⑥昭和20年8月8日空襲で焼失

㊱-2 八幡天主堂新築(後の天神町教会)

①、②同上
③昭和5年4月(昭和2年)
④木造・平家建
⑤設計・施工
⑥空襲で焼失

㊱-3 八幡幼稚園新築

①同上
②同上
③昭和7年4月
④木造・平家建
⑤設計・施工
⑥空襲で焼失

㊲ 戸畑公教会新築

①福岡県北九州市戸畑区千防
②戸畑公教会
③昭和5年4月(昭和8年)
④木造・平家建
⑤設計・施工
⑥昭和19年陸軍に接収され高射砲基地に

㊳ 佐世保天主堂附属幼稚園及び修道院新築

①長崎県佐世保市三浦町
②早坂司教(佐世保市)
③昭和6年3月(昭和5年2月)
④鉄筋コンクリート造・2階建
⑤設計・施工
⑥2017年3月閉園

㊺ 魚目診療所新築

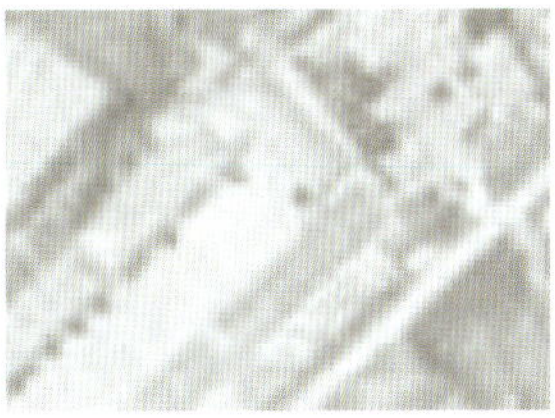

①長崎県新上五島町小串郷
②北魚目村長
③昭和8年1月(昭和12年9月)
④木造·平家建
⑤設計·施工
⑥昭和35年移転。北魚目小学校隣に所在
⑦昭和23年米軍撮影航空写真

㊻ 久留米修道院及び病院改築

1889年設立欺道院外観

①福岡県久留米市日吉町
②欺道病院(久留米市)
③昭和9年12月
④木造·2階建
⑤設計·施工
⑥1945年8月11日空襲で焼失
⑦『途杖100年』1977

㊼-1 小倉司祭館新築

①福岡県北九州市小倉北区香春口
②ア·ヒウゼ師
③昭和9年6月
④木造·平家建
⑤設計·施工
⑥強制建物疎開

㊼-2 小倉天主堂新築

①、②同上
③昭和10年3月
④木造·一部鉄骨造·平家建
⑤設計·施工
⑥強制建物疎開
⑦鉄川進氏所蔵

㊽-1 﨑津天主堂新築

①熊本県天草市河浦町﨑津
②﨑津公教会(熊本県天草郡﨑津村)
③昭和10年1月
④鉄筋コンクリート造·平家建
⑤設計·施工
⑥現存

㊶ 大江天主堂新築

①熊本県天草市天草町大江
②大江村公教会(熊本県天草郡大江村)
③昭和8年4月
④鉄筋コンクリート造·2階建
⑤設計·施工
⑥現存

㊷-1 新田原天主堂新築

①福岡県行橋市東徳永
②新田原村公教会(福岡県京都郡新田原村)
③昭和8年4月
④木造·2階建
⑤設計·施工
⑥平成7年解体
⑦『行橋市制50周年記念、ふるさと写真集』平成16年

㊷-2 新田原司祭館新築

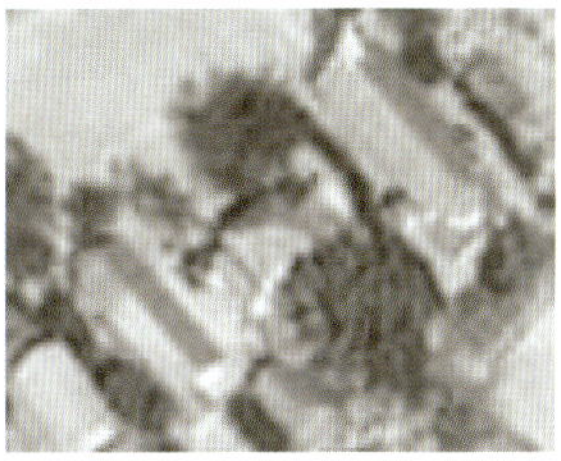

①、②同上
③昭和8年3月
④木造·平家建
⑤設計·施工
⑥1975年新聖堂建設のため解体
⑦昭和37年撮影国土地理院

㊸ 樺島町自宅新築

①長崎市樺島町
③昭和8年8月
④木造·2階建
⑤設計·施工

㊹ 水俣天主堂新築

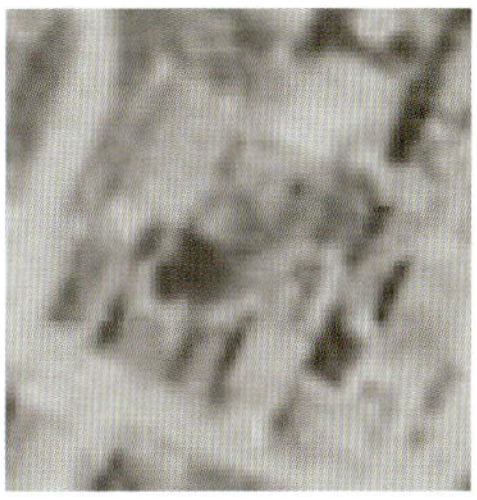

①熊本県水俣市桜井町
②水俣町公教会(熊本県)
③昭和8年8月(昭和6年)
④木造·平家建
⑤設計·施工
⑥1960年建替
⑦昭和23年米軍撮影航空写真

48-2 﨑津司祭館新築 	①、②同上 ③昭和10年1月 ④木造･平家建 ⑤設計･施工 ⑥現存
49 﨑津小学校奉安殿新築	①熊本県天草市 ②﨑津村長（熊本県天草郡） ③昭和10年2月 ④鉄筋コンクリート造･平家建 ⑤設計･施工 ⑥現存せず
50 南田平小学校奉安殿新築 	①長崎県平戸市田平町下寺免 ②田平村長 ③昭和10年12月 ④鉄筋コンクリート造 ⑤施工 ⑥現存せず ⑦『郷土写真集南田平村役場』1943
51 奈留島避病院新築 （旧漁業組合立厚生病院か） 	①長崎県五島市留島町 ②奈留村長宿輪静磨 ③昭和10年9月（昭和17年6月） ④木造･2階建 ⑤設計･施工 ⑥昭和48年に建替済 ⑦『郷土奈留』昭和48年
52 奈留島村役場新築 	①、②同上 ③昭和11年9月 ④鉄鋼コンクリート造 ⑤設計･施工 ⑥昭和46年建替 ⑦『奈留町郷土誌』2004
53 奈留島村公会堂新築	①、②同上 ③昭和11年9月 ④鉄鋼コンクリート造 ⑤設計･施工 ⑥現存せず
54 奈留島村漁協削節工場新築	①同上 ②奈留島漁協 ③昭和11年9月 ④木造･2階建 ⑤設計･施工 ⑥現存せず
55-1 純心女子学園本館新築  	①長崎市文教町 ②純心女子学園 ③昭和12年6月 ④木造･2階建 ⑤設計･施工 ⑥原爆で倒壊 ⑦『純心女子学園創立80周年、目で見る文教町キャンパスの歩み』2015年
55-2 純心女子学園附属幼稚園新築	①長崎市文教町 ②純心女子学園 ③昭和11年6月 ④木造･平家造 ⑤設計･施工 ⑥原爆で倒壊
55-3 純心女子学園新築 **55-4 同奉安殿新築** **55-5 同職員住宅新築** **55-6 同弓道場新築**	①、②先記 ③昭和16年6～12月 ④順に木造･2階建、鉄筋コンクリート造･平家建、木造･2階建 ⑤設計･施工 ⑥木造･平家建、原爆で倒壊

㊻ 水ノ浦天主堂新築

①長崎県五島市岐宿町
②岐宿村公教会（南松浦郡）
③昭和13年5月
④木造･2階楽堂
⑤設計･施工
⑥現存

㊼-1 江上小学校新築

①長崎県五島市奈留町
②村長宿輪静磨
③昭和14年2月
④木造･1部2階建
⑤設計･施工
⑥昭和55年建替
⑦『奈留町郷土誌』平成16年

㊼-2 江上小学校奉安殿新築

①同上
②宿輪静磨
③昭和14年6月
④鉄鋼コンクリート造
⑤施工
⑥現存せず

㊽ 渡辺整骨院改築

①長崎市磨屋町
②渡辺慶三（長崎市磨屋町）
③昭和14年5月
④木造･2階建
⑤設計･施工

㊾ 長崎市揚水ポンプ工場新築（矢上川補水工事か）

昭和14年渇水の応急対策。矢上村八郎川から伏流水を取水、国道34号線沿いに100馬力のポンプで揚水し、本河内高部貯水池に送水。

①長崎市矢上町
②長崎市長
③昭和14年7月
④木造･平家建
⑤施工
『長崎水道百年史』1992年

㊿ 西坂聖地整地

①長崎市西坂坊主岩
③昭和14年6月
⑤施工
⑥昭和20年原爆で被害
⑦『カトリック教法』昭和14年8月1月号「廿六聖人殉教地、司教様の手で地開き工事始め」専門的工事を除いては信者たちの労力奉仕、同15年2月1日号「日本二十六聖殉教者之碑建立工事始まる」

61-1 海星中学50周年記念館新築

①長崎市東山手町
②長崎海星学園
③昭和15年6月（昭和16年5月）
④木造･2階建
⑤設計･施工
⑥昭和33年中央館に建替
⑦『海星八十五年』昭和52年

61-2 海星中学校共同宿舎改築

①長崎市東山手町
②長崎海星学園
③昭和18年6月
④木造･2階建
⑤設計･施工
⑥現存せず

62-1 岩瀬浦製氷工場新築
62-2 岩瀬浦水槽新築

①長崎県新上五島町岩瀬浦郷
②長崎県漁業連合会･奈良尾村長
③昭和16年7･8月
④木造･2階建
⑤設計･施工
⑥現存せず
⑦『奈良尾漁業発達史』1983年

63 平戸口社会館新築

福音宣教と社会法事を目的に建設、昭和23年～平戸口社会館保育所

①長崎県平戸市田平町
②中田藤吉師（北松浦郡南田平町）
③昭和16年7月（昭和10年10月）
④木造·2階建
⑤設計·施工
⑥昭和63年解体改築
⑦『礎、お告げのマリア修道会史』1997

64 立神国民学校新築

①長崎市西立神町
②長崎市長
③昭和17年5月
④木造·2階建
⑤施工
⑥昭和35年建替
⑦『ふるさと長崎』2008

65 鯛ノ浦天主堂増築

①長崎県新上五島町鯛ノ浦郷
②川口師（南松浦郡有川町）
③昭和21年8月
④レンガ造·平家建
⑤設計·施工
⑥現存（鐘塔、浦上天主堂の被爆レンガを使用）

66 荒木邸新築

①長崎県新上五島町有川郷
②荒木（南松浦郡有川町）
③昭和21年12月
④木造·2階建
⑤設計·施工

67-1 得雄寺本堂新築

①長崎県新上五島町青方郷
②七里師（南松浦郡青方村）
③昭和21年6月（昭和25年）
④木造·平家建
⑤設計·施工
⑥現存

67-2 得雄寺鐘楼新築

①同上
②七里師
③昭和21年6月（昭和29年か）
④木造·平家建
⑤設計·施工
⑥現存

68 慈恵院新築

①長崎県五島市平蔵町
②木口マツ（南松浦郡奥浦村）
③昭和25年8月（昭和24年）
④木造·2階建
⑤設計·施工
⑥昭和43年移転新築
⑦『奥浦修道院100年の歩み』昭和55年

69 愛野公教会新築

①長崎県雲仙市愛野町
②愛野公教会（南高来郡）
③昭和26年9月
④木造·平家建
⑤設計·施工
⑥現存、当初は塔下が入口だったが増築によって祭壇側が入口になっている

総覧建物解説

経歴の一番目は、**桐ノ浦天主堂**（表①）の増改築である。本天主堂は、上五島南部地域の中心教会である。現在は若松瀬戸に臨むように建つが、以前は現在よりも北に百五十ｍの場所に位置した。跡地には、旧司祭館のレンガ壁などが残る。旧教会堂の建設は明治十四年で、ヒューゼ神父が着任した明治三十年（一八九七）に司祭館を建てた。与助が施工した明治三十九年の教会堂の増改築は、正面に建つ塔がそれにあたると考えられ、司祭館と同じレンガが使われたという。

奈摩内司祭館（表④－2）は、明治四十三年に同時に建った奈摩内（現青砂ヶ浦）天主堂の正面手前左手（北側）にあった。法人台帳添付図面と古写真を照らし合わせると、南側中央に玄関を開き、玄関から北に廊下が通り、廊下の東側に客間と食堂が、西側に居間と寝室があった。木造平屋の寄棟造だが、一九七三年の解体時の写真を見ると、小屋組みはトラス構造（三角形を単位とした構造骨組）である。与助が手掛けた教会堂をみると、旧野首天主堂の小屋組みは、トラス構造の走りのような姿をしているが、次の青砂ヶ浦教会堂ではキングポストトラス構造が完成している。それを採用している。

丸尾鉄川宅（表⑤－1・2）は、新上五島町丸尾郷の港に面して祀られた丸尾神社の裏手に位置する。海側に主屋、奥に作業小屋があった。明治四十二年と大正八年で十年の開きしかないので、主屋と作業小屋をそれぞれ新築したと考えるのが妥当である。大正二年に事務所を長崎に移して以降も五島の仕事は途切れず、丸尾の自宅から諸所に通っている。道路に面した壁はレンガ造りである。一九九七年まで建物が残っていた。現在跡地は、居宅跡として整備されている。

魚目村立水産学校（表⑦）は、新上五島町浦桑の祖父君（おじきみ）神社の隣、宮ノ脇にあった。浦桑の港は、現在は埋め立てられて大型店舗が建ち並ぶが、以前は深い入江の良港で、鮪や鯷（イルカ）、鯨が上がった。七月にはペーロン競漕の会場ともなった。この時代、農業や商業の実業を身につける実業学校や補習学校が長崎県各地に設立された。水産学校もそのひとつで、豊かな漁場を望む場所に建てられた。修業年限三年、定員八十名で、明治四十二年五月開校の認可を文部省から得ている。『新魚目町郷土誌』によると、新校舎完成は明治四十四年十一月で、開校認可を受けてから二年かかっている。閉校は大正五年で、七月廃止の認可を受けている。閉校後、校舎は大正五年十一月から榎津小学校の浦桑分教場校舎として使われた。しかし、大正十五年、失火で全焼した。

山田天主堂（表⑧）は、現在は正面に鐘塔がつく。古写真にある大正元年（一九一二）完成の切妻屋根の外観は想像しにくいが、側面を見ると半円アーチの窓が四ヵ所並び、レンガの控壁があって、ここまでが創建建物の規模である。少し前までは外観がすべて白く塗装されて増築部の境目がわからなかったが、近年再びレンガが露わになって、当初の姿が想像しやすくなった。

佐賀公教会堂（表⑨）は、佐賀城の北堀から二筋北の中ノ小路に所在する。ソーレ神父は、長崎大浦、筑後今村、久留米、大牟田、基山を経て、明治二十七年（一八九五）に佐賀の敷地を購入した。仮教会の焼失で明治橋通りに一時移ったが、山口宅助神父が同三十一年に着任すると、翌年佐賀小教区が独立し、同三十九年に元の場所に館を新築した。この堂は、昭和二十六年の教会堂建替えまで存続した。『佐賀カトリック教会史』の昭和二十六年以前の旧聖堂・司祭館見取図によると、北側の中ノ小路に面して玄関を開き、玄関を入って正面に応接室、奥に中庭があり、中庭の東側に聖堂、西側に伝道士室、控室、座敷、食堂、和室などがあった。教会は日本家屋の二階建てで、聖堂は畳敷きだったという。同書収録の昭和二十三年撮影の玄関での集合写真を見ると、玄関は式台玄関で、両脇に紙障子の建具が入り、縁側が続く。この教会堂は、与助が初めて長崎県外で手掛けた教会堂である。その姿は、佐賀城下の武家屋敷と変わらない。長崎港沖の伊王島にあった旧大明寺教会堂（明治十二年頃・一八七九、現在明治村に移築）が民家に溶け込むように造られたのと同様である。

若松小学校（表⑩）は、明治二十九年（一八九六）に若松郷二八一（現若松診療所敷地）に新築、同四十四年にも校舎を新築した。昭和三十一年に若松郷四三五に校舎を移転、新築した。

今村天主堂（表⑪）は、福岡県三井郡大刀洗町今区に大正二年（一九一三）十二月八日に竣工した。この地区の近代は、慶応三年（一八六七）に長崎浦上の信者が今村のキリシタン潜伏の情報をもとに信徒発見と至ったのを始まりとする。最初に訪れた宣教師は明治十二年のコール神父で、翌年ソーレ神父が定住し、明治十四年に最初の教会堂を建設した。信者増加のため、明治二十九年に着任した本田保神父は明治四十一年から新聖堂の建築を計画した。外観は、正面に八角ドームを二塔を建て、与助が手掛けた中では希少な双塔形式である。石材は浮羽、木材は久留米市高良山、レンガは筑後川下流の迎島、瓦は城島のものを使用した。ステンドグラスはフランス製である。外観内観とともに完成度が高く、すでに成熟期に入っている与助の手腕が窺える。筑後平野にすっくと立つ姿は、景観上も印象深い教会堂である。

長崎南山手十六番館（表⑬）は、マリア園の敷地である。この本館でレンガ造平屋建は、北東隅に付属する礼拝堂がそれにあたる。設計者のフランス人宣教師センネツが描いた創建時の外観（明治三十一年・一八九八）と現在の礼拝堂を比較すると、祭壇奥に張出しが付加されている。増改築はこの箇所を指すと考えられる。増築部だが、軒にはロンバルディア帯を巡らし、半円アーチ窓にはレンガを浮き出させて庇飾りを施す。

宮崎天主堂（表⑭）は、宮崎駅から西に六百m、宮崎県庁から北に三ブロックに位置した。跡地にはホテルが建つ。

大水天主堂（表⑰）は、大正五年（一九一六）八月の献堂で、外観は単純な切妻造だが、内観は折上天井ですみずみに刳形や凹凸が施され、彩色やステンドグラスまで行き届いていた。リブヴォールト天井ではない新たな表現を探った存在であった。

五島原修道院（表⑲－3）は、後の田平修道院で、大正六年十二月二十一日に南田平愛苦会として創立された。敷地は、中田藤吉神父が購入し、岩盤が露出した湿地帯だったため、徹底した排水工事と整地を行って修道院を建設した。

鯛ノ浦養育院養蚕所（表㉑）は、ブレル神父が明治十四年（一八八一）に始めた養育院（当初は子部屋と呼ばれた）を、明治三十二年（一八九九）に大崎八重神父が引き継ぎ、経営難打開に向けて大正七年に建設した養蚕業のための養蚕小屋である。『鯛之浦修道院一〇〇年の歩み』によると、建物は木造平屋建て、広さ四十六坪で、屋根の棟に二つの小屋根が設けられ、一階周囲は廻り縁で開け放つことができた。いくつかの部屋の床は格子張りで、床下は広い地下室で板石が敷き詰められ、桑の葉を貯蔵したという。

養蚕は温度管理が要で、養蚕小屋は換気のための腰屋根を設け、囲炉裏で薪を焚いて室温を保つ。飼育は一階で、繭作りは屋根裏の簀子天井の上で行うことが多い。この建物も、内部に同様の設備が整えていた。

百年史によると、ブレル神父はそれまで開墾していた畑には桑の木を植えさせ、会員には機織りを習得させ、手織機を備えつけた。養蚕による上繭は商売用とし、屑繭は会員の衣類用にまわされた。手織りの木綿は作業着や普段着になり、絹との交ぜ織りは外出用になった。交ぜ織りは軽く、手触りや体裁もよく、会員の服装も整っていったという。

経歴にはないが、百年史は、昭和九年完成の養育院も鉄川組の施工だという。二棟からなり、一棟は広さ約四十坪で木造の洋館、一棟は大崎神父時代の旧施設を移転改造したもので広さ三十四坪、工費は三千八百円だった。事務室、応接室、ベッド室、ほふく、日光浴室、調乳室、職員室を備え、美しい洋風の建築であった（図6－⑪）。

【6－⑪】昭和9年建設の鯛之浦修道院養育院（『鯛之浦修道院、１００年の歩み』）

細石流《さざれ》天主堂（表㉓）は、久賀島の西北端に位置し、大正十年十一月に完成した。過疎によって昭和四十六年（一九七一）に廃堂となり、自然倒壊した。正面の三箇所の入口に、ルネサンスを思わせる三角破風とオーダーの柱をつける。これはおそらく、『美術的建築』から得たデザインである。図6－④で紹介した門の装飾と同じ頁に、参考になる図が収録されている（図6－⑫）。与助が付箋を挟み込んでいた頁である。内部は折上げ天井とし、格間に椿の板絵を貼り付け、新しい表現が見られた。

【6－⑫】『美術的建築』門の装飾図版

平蔵天主堂（表㉔）は、福江島北東の浦頭に大正十年に建てられた二代目の教会堂で、平蔵教会と呼ばれた。昭和四十三年（一九六八）に集落の高台に場所を移し新しい教会堂を建てる際、信徒会館として移築された。切妻造の木造で、内部は、側廊を二重にした五廊式で、折上天井だった。

浄福寺（表㉕）は、上五島の浦桑から丸尾に至る旧道に沿いに所在する。御住職の青柳浄隆氏によると、「奉上棟当寺門永久吉祥、起工大正拾壱年正月吉祥日、竣工大正拾参年三月歓喜日、大工棟梁青方鉄川福次敬白」と棟札にある、大正十三年完成の本堂がこれにあたるのではないかという。本堂の図面や写真もあるというので、見せていただいた。図面は本堂のものが六枚、方丈のものが五枚あり、本堂の正面姿図、横断面図、縦断面図が図6－⑬－1～3である。断面図は、小屋組みを見ると、大きなキングポストトラスを導入している。奈摩内司祭館でも採用していた構造である。

この本堂は、正面側に入母屋造り破風を見せる点に特徴があって、梁間が大きくなるのでトラスを採用したのであろう。しかし、解体時の写真を見ると、トラス構造ではあるものの、図面よりも幅も高さも規模が小さくなっている（図6－⑭）。横断面図に朱線で描き込まれた架構がこれかとも思われたが、朱書きは伝統的な和小屋の構造で、また異なる。図面に描かれた正面破風の蟇股・虹梁・大瓶束・笈形も、外観写真を見ると横板を張って換気穴を開けたに留まっている。

　このように当初とは異なる箇所はあるが、入母屋破風を正面に見せる点は実現している。青柳氏によると、本堂と方丈のあいだに泉水の中庭があり、ここから眺める本堂と裏山がそれは美しかったという。棟札にある大工棟梁は、青方の鉄川福次で同じ鉄川でも丸尾の与助とは異なるという。それでも、図面に描かれた洋式構造は、与助の影響を受けているのではないかと想像される。

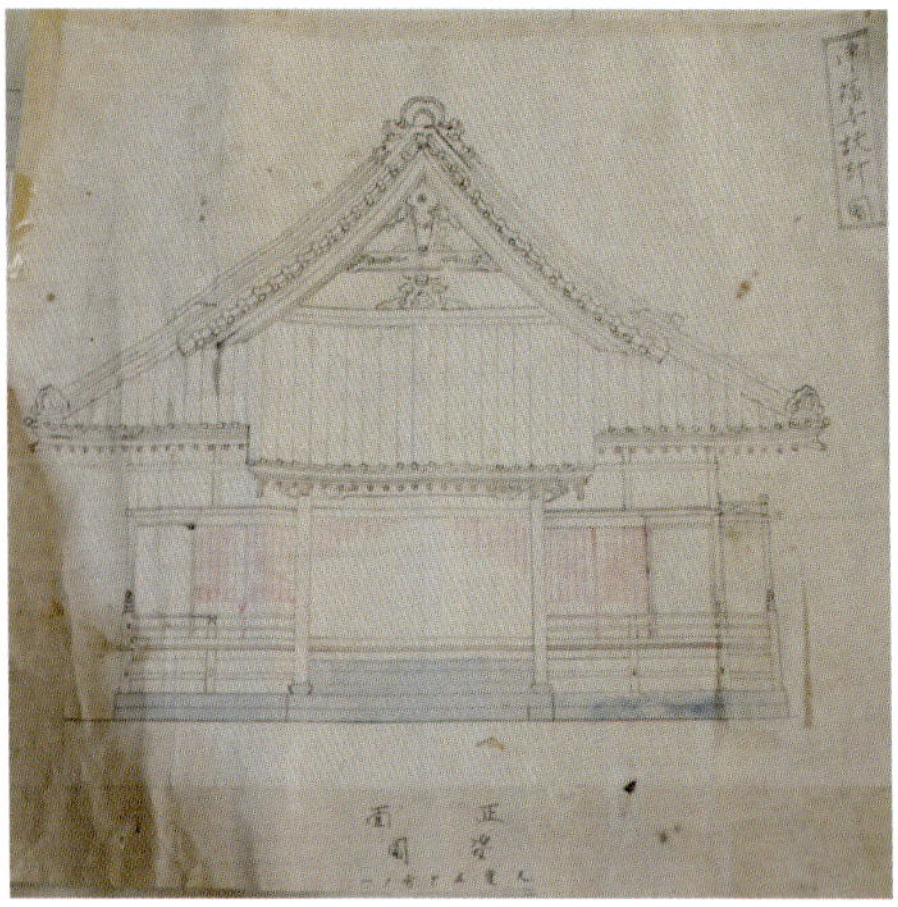

【６－⑬－１】浄福寺正面姿図（浄福寺所蔵）

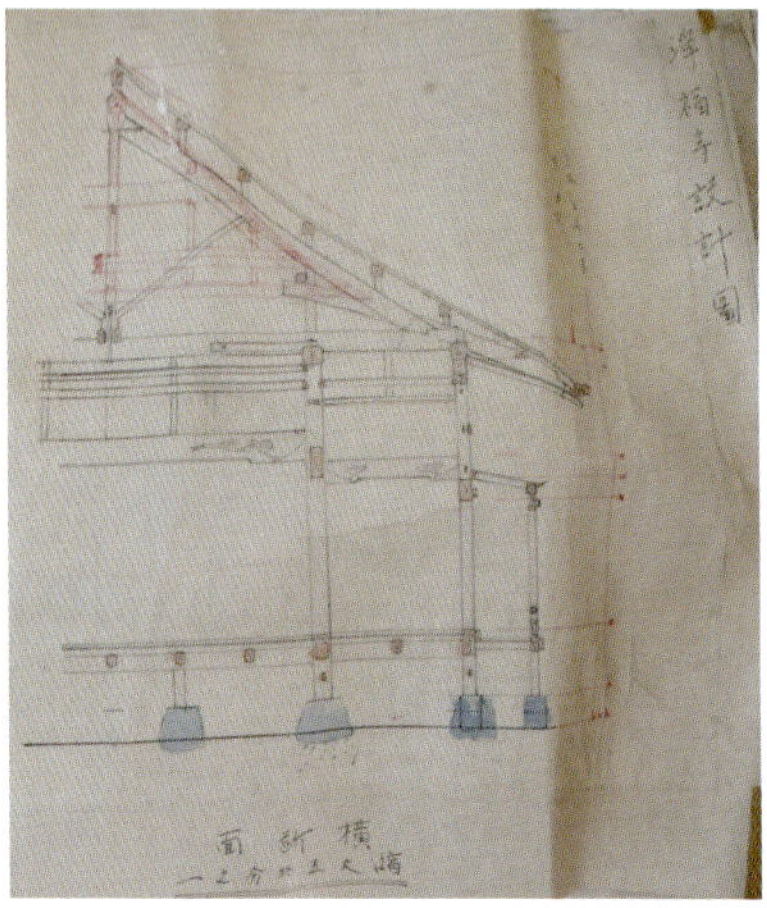

【６－⑬－２】浄福寺横断面図（浄福寺所蔵）

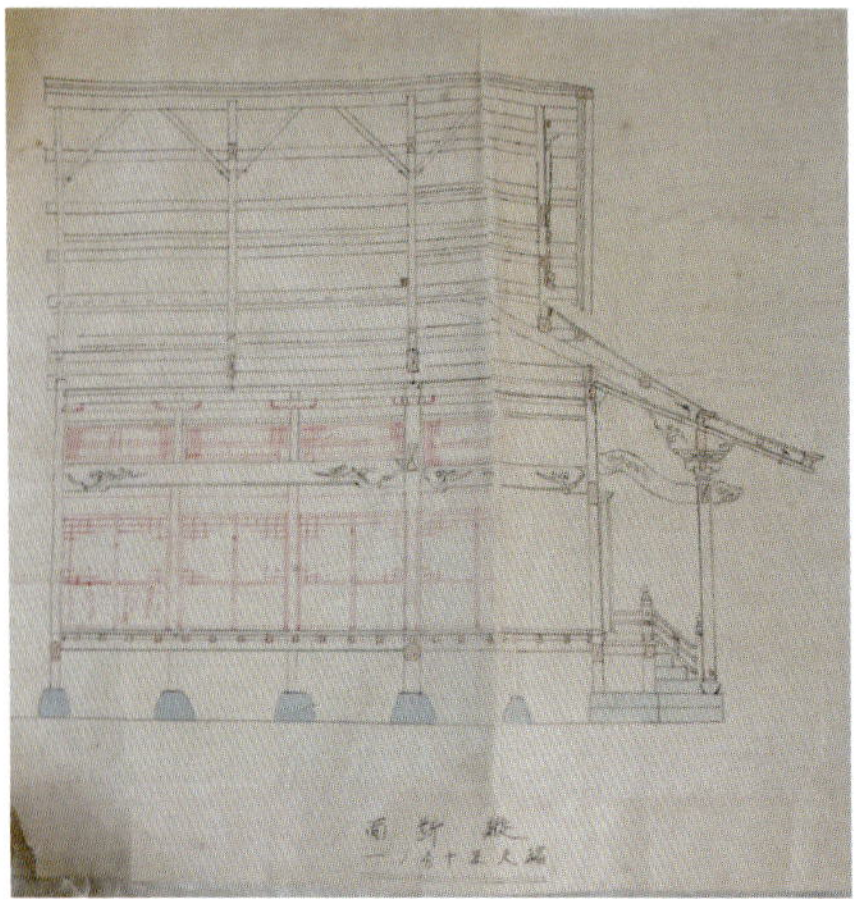

【６－⑬－３】浄福寺縦断面図（浄福寺所蔵）

浦上司祭館（表㉖－1）は、大正八年（一九一九）完成のレンガ造り平屋建てで、五十坪あり、屋根は低かったが堅固だった。大正三年完成の旧浦上天主堂の赤レンガと一対になって、東洋一の大天主堂が更に立派に見えたという。それ以前の司祭館は、庄屋高谷家の買収した仮聖堂とは別の家を一部補修して使っていた。

浦上天主堂前面塔（表㉖－2）は、ヒューゼ神父が大正十三年に建設を計画し、翌年完成した。聖堂完成から十一年、着工から三十年にして、高さ二十五メートルの双塔をもつ教会堂が完成した。塔はレンガ造で四面に二連半円アーチを設け、ドームはRC造である。左塔には小鐘が、右塔には大鐘が吊り下げられ、両鐘はフラン

【６－⑭】浄福寺本堂小屋組み（昭和56年撮影、浄福寺所蔵）

ス製だった。昭和二十年八月の原爆で天主堂は大破し、右塔は堂内に、左塔は北側崖下の川に転落した。左塔は川岸に引き揚げられ、国史跡「長崎原爆遺構」に指定されて残る。

人吉公教会（表㉗－1・2）は、人吉駅から南東に一キロメートルの寺町に所在する。明治三十一年（一八九八）着任のブレンゲエ神父によって明治三十六年に完成した教会堂が、昭和三十一年以降は司祭館・信徒会館となって残る。木造二階建てで、熊本の大工棟梁池永清八郎が担当した。創建時は一階・二階とも吹き放ちのベランダがあり、装飾豊かな洋館だった。一階の南北に張出部があり、南側は礼拝堂、北側は集会所だった。大正四年（一九一五）六月には、木造二階建ての園舎が完成し、幼稚園が創設された。与助が両建物に関わるのは大正十一年である。

『カトリック人吉教会の一〇〇年』によると、大正十一年二月に幼稚園増築、翌春に教会堂第二次拡張工事を行っている。与助が両工事を担当したと考えられる。百年史によると、旧教会堂は、明治四十五年に一度目の拡張工事を行い、これが二回目である。一階の南北の張出部がそれぞれにあたる可能性がある。

長崎神学校（表㉘－1）は、大正十三年（一九二四）七月一日工事着手、翌十四年十二月に竣工した。敷地は四千坪、桁行三十八間半、梁間七間と五間の鉄筋コンクリート造三階建だった。それまでは大浦天主堂内の旧羅典神学校（明治八年・一八七五）で学んでいたが、神学生の増加のために浦上に移転した。昭和八年、早坂司教は校舎をフランシスコ会に譲渡し、神学校は東山学院を購入して充てた。譲渡後、校舎は聖フランシスコ神学校になった。昭和十八年、結核療養所として浦上第一病院が開設する。昭和二十年八月の原子爆弾で屋根と内部を焼失し、同十一月建物修復後、聖フランシスコ診療所を開設した。その後、聖フランシスコ病院に名称変更し、建物は昭和四十五年の建替まで存続した。

常清修道院（表㉙－2）は、プチジャン神父の要請によって、フランスのショファイユの幼きイエズス修道会から明治十年に派遣されたシスターによって、明治二十三年に浦上に設立された。明治四十一年、常清幼稚園の前身となる清心幼稚園が、常清女学校の前身となる和洋裁技芸学校が設置された。修道院を中心に女学校と幼稚園の三棟が並び立つ写真は戦前に撮影されたもので、与助が大正末期に手掛けた建物の全容が見える。中央の修道院は棟が高く、半切妻屋根で、側面を見ると三階にも窓がある。木骨レンガ造で、正面中央部の一・二階にベランダを設け、ベランダ柱頭部には板状のアーチ飾りがある。

左隣の女学校も、同様にベランダを設け、修道院とデザインを統一する。こちらは木造のようで、外壁は下見板張りである。右隣の幼稚園は平屋で、壁はレンガ造、ずらりと並ぶ窓は上部に回転窓が嵌る。南山手のマリア園や旧大司教館に共通する部分が多く、見事な洋館群である。昭和二十年八月の原爆投下後は、中央の修道院のレンガ壁だけが残り、側面の三階まで立ち上る壁は内側に倒れかかる状況であった。

八代《やめ》成美女学校（表㉚）は、明治三十年（一八九七）、コール神父の要請で派遣されたシャルトル聖パウロ修道女会のスールがヨーロッパの裁縫・編物・刺繍・レース編などの技芸を八代の婦女に教え始めたのを始まりとする。明治四十二年（一九〇九）に八代女子技芸学校が設立され、最初の校舎は、古写真中央に写る、一階右端に入口のある建物だった。

大正十五年（一九二六）四月には八代成美高等女学校に改称し、その際に整えた建築を与助が手掛けたと考えられる。どの建物か定かでないが、校門正面に建つ、車寄せをもつ建物の可能性がある。車寄せ上部に半円アーチ型の破風を設ける手法は、昭和六年に完成する魚目小学校講堂にも使われている。半円形の破風に校章を掲げ、その縁取りを二階の窓につなげるデザインも一緒である。

熊本天主堂（手取教会）**附属教会**（表㉛―2）は、昭和二年（一九二七）に工事着手し、翌年五月に竣工した鉄筋コンクリート造の新教会堂の完成にあたり、東側に移設された旧聖堂を指すと思われる。旧教会堂は、コール神父によって明治二十七年（一八九四）に建設された木造平屋建てだった。移設後は、伝道館として、信徒の集会や子供の要理教室等に使われた。

熊本上林高等女学校（表㉜、現熊本信愛女学院）は、明治三十三年（一九〇〇）にフランスから派遣されたメール・シスター・ボルジアによって熊本市南坪井町（現中央区上林町）に設立された熊本玫瑰女学校を始まりとする。『熊本信愛女学院、七十年のあゆみ』によると、昭和四年頃建設の木造二階建ての建物は、昭和三年十月落成の講堂にあたる。講堂はメール・ボルジア渡日五十年を記念したもので、工事費は一万六千六百円、一階が管理室と教室、二階が講堂で、創設から六番目に建てられた。写真によると、外観は柱と桁を見せるかのように縦横に枠を取り、窓下の腰壁にはフレーム状のデザインが施され、アクセントになっている。講堂完成の三年後に、附属する三階建ての本館が建設され、その際、講堂の外観デザインが踏襲された。

大牟田公教会（表㉝）は大牟田市役所の北隣に位置する。大牟田は、炭鉱の重要な積出港であった三池港を擁し、工場地帯も多くあったため、昭和二十年に四度の空襲で市街地全域が被害を受けた。空襲後に建物の姿を留めていたのは市庁舎（昭和八年）と百貨店松屋（昭和十二年）のみだったという。教会堂も被害を受けた。

呼子天主堂（表㉞）は、昭和三年、馬渡島の旧教会堂を呼子の殿の浦に移築して完成した。経歴には新築とあるが、移築増築である。同時期、馬渡島では平戸の紐差から旧教会堂を譲り受けて移築し、平戸の紐差では鉄筋コンクリート造で地下室をもつ教会堂が昭和四年に完成した。

大名町教会は、福岡の天神から西に四百メートルに位置する。『大名町教会百年史』によると、明治二十九年（一八九六）に赤レンガ聖堂完成、昭和二年長崎教区から独立して福岡司教区の司教座教会に、昭和七年（一九三二）四月「福岡公教神学校」が伝道館に開設した。

大名町伝習場（表㉟）は、この伝習館にあたると考えられる。百年史の昭和十七年の教会見取図によると、伝道館は赤レンガ聖堂と東側の司祭館とのあいだにあった。このときは、赤レンガ聖堂が手狭になったため、昭和十三年の木造教会堂が別に建ち、聖堂が敷地内に二つ並び建っていた。その様子が確認できる古写真によると、伝道館は木造二階建ての寄棟造りで、一階正面に玄関を開く。大名地区は戦災を免れた地区で、教会の南にある大名小学校も昭和四年建設の校舎が残る。現在のＲＣ造聖堂を昭和六十一年に新築するにあたり、二つの旧聖堂は解体されたが、赤レンガ聖堂は土田充義氏らの働きかけによって、久留米聖マリア病院付属聖堂として移築復原された。

北九州市は、一九六三年に門司・小倉・戸畑・八幡・若松の五市が合併して成立した。旧市の各市にも教会堂が建てられた。『北九州市史』によると、明治二十年（一八八七）、ラゲ神父と島田神父が小倉に赴任し、長崎方面から移住した三、四〇人の司牧にあたった。明治二十二年に小倉教会堂が設立、明治三十二年に小倉の春香口に日本家屋式の聖堂が建設され、このころには長崎からの移住者が増加し、毎年十五人から二十人が受洗したという。官営八幡製鉄所の建設開始が明治二十四年（一八九一）だから、長崎からの移住は新しい仕事を求めてのことだったろう。

大正十年（一九二一）に門司教会、昭和

二年（一九二七）に**八幡天神町天主堂**（後の天神町教会、表㊱－2）、昭和八年に**戸畑公教会**（表㊲）、が建てられていった。しかし、昭和十年頃からカトリック教会に対する軍の干渉が厳しくなり、昭和十九年に戸畑教会は陸軍に接収されて高射砲基地に、天神町教会は幼稚園とともに二十年八月八日の空襲で全焼、小倉香春口聖堂一帯は建物疎開地域に指定され、聖堂は強制立退き疎開となった。建ってからわずか十年ほどのことであった。この中で、**小倉天主堂**（表㊼－2）の建物古写真が鉄川進氏のところに残る。明治三十二年の木造聖堂を、昭和九年に建替えたときのものである。その姿は、同時期に手掛ける天草の崎津教会堂に共通点が多い。

佐世保天主堂附属幼稚園（旧聖心幼稚園、表㊳）は、佐世保港を眺める高台に、昭和五年（一九三〇）二月、日本人最初の司教、早坂久之助司教によって設立された。『聖心幼稚園のあゆみ』によると、翌年に隣に完成する三浦教会堂の先駆隊として創設され、早坂司教が初代園長を務めた。昭和二十年、海軍応召兵の宿舎となって休園する時期もあったが、二〇一七年三月まで、毎年卒園生を送り出した。卒園生の一人に、ノーベル化学賞を受賞した下村修博士もいる。

建物はRC造二階建てで、柱や梁を外観に表しにしたデザインを特徴とする。屋根軒下の梁先端の繰形、窓枠、屋根のドーマー窓など、全体に装飾豊かで、親しみを感じさせる。特に正面中央の張り出した玄関部は、一階にゆるいアーチの縁取りがなされ、二階は半円アーチ窓が並び、愛らしい。

魚目小学校（表㊴－1）は、新上五島町榎津郷に所在し、昭和四年に魚目町の二校を廃止統合して新校舎の校地を買収整地、昭和五年二月に校舎の建築工事に着手した。県下の小学校では長崎の勝山小学校に継ぐRC造三階建てで昭和六年四月二十日に完成した。興味深いのが、校舎の両側面に造られていた避難階段で、三階、二階のそれぞれから地上に直接避難できる階段がついていた（図6－⑮）。勾配が急になり、踊場も設けていないので現在では取れない方法だが、非常時にとにかく避難となれば、この方法のほうが早く避難できる。校舎は平成十四年に建替えられたが、その際、校舎の一画に資料室が造られ、旧校舎の教室の入口扉や窓が残された（図6－⑯）。欄間は回転窓である。

【6－⑮】魚目小学校旧校舎側面についていた避難階段（魚目小学校資料館展示の模型より）

【6－⑯】魚目小学校旧校舎で使われた建具（魚目小学校資料館展示室）

同講堂（表㊴－2）は、校舎東隣りにあった。南面が正面で、屋根を半切妻造とし、切れ上がった軒の中央に半円アーチ型の破風を設ける。八代成美女学校でも見られた手法で、品のある印象をもつ。

新田原天主堂（表㊷－1）は、福岡県行橋市東徳永に所在し、昭和八年（一九三三）に完成した。この地に大正十五年に開設されたトラピスト修道院（北海道からの分院）を慕って、五島列島の上五島や細石流から信者が移り住み、原野を農園や果樹園に開拓した。昭和五年に小教区が発足した。建物は木造平屋建て、切妻造りで、内部は格天井であった。昭和五十年（一九七五）に新聖堂ができると集会所となり、平成七年まで存続した。

水俣天主堂（表㊹）は、水俣駅北東

百五十メートルに所在する。駅北側に広がる新日本窒素水俣工場と線路に挟まれた敷地に、昭和六年に建設された。

魚目診療所（表㊺）は、昭和十二年九月開設で、上五島の北魚目小学校と番岳保育園のあいだに位置した。長崎県下の町村では、矢上村に次いで二番目に早い設置で、病床十六床あった。老朽化のため、昭和五十一年、三百メートル南西の地に新築した。

久留米修道院及び病院（表㊻）は、明治二十二年（一八八九）に久留米教会の向かいに設立された診療所「斯道院」を始まりとし、昭和五年に幼きイエズス修道会を招へいして斯道院を信愛修道院として使用した。工事はこの頃にあたる。昭和二十年八月九日の空襲で焼失後、現在は南西一キロメートルに位置する久留米聖マリア病院（久留米市津福本町）に受け継がれている。病院内には博多・大名町教会堂の赤レンガ聖堂が移築されている。

南田平小学校奉安殿（表㊿）は、南田平村役場が昭和十八年に作成した郷土写真集『出身皇軍将兵慰問』に写真が収録されている。石段の上に建ち、RC造の神明造りで、奉安殿の典型である。昭和五年に各学校長市町村長学校管理者宛に出された奉安殿建築設備に関する注意事項によると、床高さは地盤より二尺以上とし床下は換気に努めること、壁は厚五寸以上の鉄筋コンクリート等とし防水を施すこと、屋根は鉄筋コンクリートか木造の場合はコンクリート天井を設けること、室内壁には木造の羽目板を張ること、入口扉は二重にし、外扉は不燃材料、内扉は木製扉にすることなど、指示されている。奉安殿は、天皇皇后の写真と教育勅語を納めていた。これらを防火防水するための仕様だった。

奈留島避病院（表51）は、発注者が尊重宿輪氏であることから、『郷土奈留』にある、昭和十七年（一九四二）六月設立の漁業組合立厚生病院にあたると考えられる。前年から宿輪氏の発議により総合病院建設の機運が高まり、内科・外科・歯科からなった。現在、浦地区にある奈留医療センターの敷地で、組織も後継されている。避病院の名は、明治十年頃から各地に建てられた伝染病の隔離病院の名称である。

奈留島村役場（表52）は、『郷土奈留』によると、昭和十一年（一九三六）に木骨モルタル塗り二階建の庁舎を漁業組合と併設して建てた。建物は二階建て、屋根は寄棟造りで、外壁はモルタル塗に目地で石張調に見せる。正面は、軒を半切妻屋根風に仕上げ村章をつける。村章は、七個の片仮名ルを並べてナルを図案化したもので、全体を宝船に見立て町の発展を表現している。ここではさらに、宝船がかきわける波しぶきが外壁に表されている。玄関は車寄せを設け、四隅にオーダーの柱を立てる。上下の飾りが鏡餅様で、柱の表面がなめらかなので、これはトスカナ式を採用している。『美術的建築』の柱内法の項に、四種のオーダーの挿図があり（図6－⑰）、このトスカナ式の図に柱のふくよかな雰囲気が似ている。また、柱上の帯（フリーズ）

【6－⑰】『美術的建築』柱内法の項のトスカナ式オーダー、柱直径に対する柱間隔を説明している

【6－⑱】『美術的建築』収録の小神殿の図

部分に二重丸の装飾を用いるのは、同書の小神殿風の建物の図に見られる（図6－⑱）。これらを参考にしたのであろう。

純心女子学園（表55）は、昭和九年（一九三四）に母体となる長崎純心聖母会が創立、翌年純心女学院が長崎市西中町（中町教会内）に設立、昭和十二年三月に校舎を家野町（現文教町）移転新築、四月に純心幼稚園が開設した。『目で見る長崎市の100年』によると、昭和十年丹羽漢吉氏の設計で校舎建設が始まり、新校舎は二棟建築の予定だったが、棟上直後に台風で二棟とも倒壊し、完築がのびるあいだに早坂司教は病気のために長崎を去り、仙台へ帰郷した。『カトリック教報』二〇三号（昭和十二年四月一日号）によると、昭和十一年起工し、五棟一連六十間余の広壮なモーダン建築で、六千余坪の校庭には大運動場、各種球場、大弓道等を設置し、昭和十二年十二月に竣工した。

古写真を見ると、五棟が連なった建物は木造二階建てで、中央の棟が高く、一階に車寄せを設け、二階は尖りをもつアーチ窓が並ぶ。二階は講堂だろう。その左右に一段低い短い棟が続き、さらに左右に長大な、教室と思われる棟が続く。中央の三棟と左右の棟の間には界壁が屋根の上まで立ち上がる。延焼への配慮だと思われる。原爆投下二日前に撮影された航空写真でも五連の屋根が、確認できる。

江上小学校（表57－1）は、江上天主堂の隣地に所在した。『奈留郷土誌』によると、昭和十三年十二月に増築校舎が完成した。敷地の北側に沿って、長い木造校舎が東西二棟建ち、渡り廊下で結ばれている。東側の校舎は半切妻造で、玄関車寄せの妻部分に洋風意匠が見える。

長崎市揚水ポンプ工場（表59）は、『長崎水道百年史』によると、昭和十四年（一九二九）は市水道創設以来の渇水で、応急対策として行われた矢上からの補水工事にあたると思われる。矢上村八郎川取水地点付近で伏流水を取水し、百馬力ポンプでポンプアップし、国道沿いに三キロメートル鋼管を敷設して、本河内高部貯水地に送水した。同時期に行われた浦上川の補水工事は、浦上水源地下で取水し、茂里町の三菱製鋼所までの四キロメートル敷設するもので、こちらは平地なのでポンプは不要だった。

西坂聖地整地（表60）は、昭和十五年の日本二十六聖人殉教者記念碑建立に向けての整地である。『カトリック教法』昭和十四年四月一日号の記事「廿六聖人殉教整地買収交渉成り、記念碑建設の計画具体化」によると、今秋にアメリカ巡礼団を迎えるにあたり、ラジオ放送局あたりが定説となっている殉教地の、それに続く俗称坊主岩の畑地四五三坪を買収し、三月末までに登記されるという。ラジオ放送局は、長崎駅前にある現在のNHK長崎放送局なので、西坂の一帯である。同年八月一日号には「廿六聖人殉教地、地開き工事始め」の記事があり、現地は斜面畑地で地均し工事が必要で、専門的工事を除いては労力奉仕により、七月十三日に山口司教によって鶴嘴が打ち込まれ、地開き初めを行った様子が写真入りで紹介されている。翌年二月一日号の記事「日本二十六聖殉教者之碑建立工事始まる」では、地均し工事が完成し、碑の建立工事が始まるものの、冬寒でコンクリート工事が進捗せず、予定の三月十七日以降完成の模様とし、碑の図面が紹介されている。与助が担ったのは、地均し工事の専門的工事の部分と思われる。

海星中学五〇周年記念館（表61－1）は、海星学園の理化学記念館として昭和十六年五月に完成した。海星学園は、明治二十五年（一八九二）に、長崎浪ノ平にバルツ神父によって開設され、三年後に東山手に移転した。創設から五十年目の節目にあたり、五〇周年記念館として建設された。建物は木造二階建てで、一階が物理化学教室で実験室と階段教室と準備室、二階は図書閲覧室と書庫、ステージ付の音楽室（小講堂）があった。この建物は、昭和三十三年に建築家吉阪隆正設計による中央館に建替えてられた。中央館は敷地の高低差を活かして最上階に玄関が設けられていた。この五〇周年記念館にも側面に渡り廊下や階段が見え、段差を活かした建物だった。

　岩瀬浦は、上五島の中通島南部の東岸に位置する。『奈良尾漁業発展史』によると、昭和十一年、長崎県下のトマトサーディン缶詰工場が本格化し、岩瀬浦にも五島水産株式会社が缶詰工場をつくり、一年に三・四万函を生産した。十三年には、県漁連の製氷工場（日産十五トン）が設置され、佐世保の業者が岩瀬浦に缶詰工場を建設した。トマトサーディン缶詰は、大正十四年に製造が開始され、長崎、函館、銚子を中心に生産を拡大し、欧米やアジア向けの輸出品として急進展した。

　しかし、昭和十六年の戦時下になると原料や資材の調達が困難になり、缶詰製造も減少した。昭和四十七年の住宅地図を見ると、岩瀬浦港の北岸東端に漁協水産加工場と製氷工場が並び立つ。**岩瀬浦製氷工場と水槽**（表62）はこれだと思われる。切妻屋根の大きな建物である。

　平戸口社会館（表63）は、平戸市田平の日の浦に所在し、昭和十年（一九三五）十月、長崎県社会課の指導を受けて、中田神父によって建設された。前年三月に社会事業について田平に講演に来た社会主事が中田神父に農繁期託児所開設を提案したところ、翌四月から田平教会の集会所で保育が始まり、シスターを東京保母養成学校へ送って、保母資格を取得させた。社会館はこれを受けて、翌年開設され、福音宣教と社会奉仕を目的とし、就学前の幼児の家庭教育の補完のため、通年制の保育事業を担った。建物は木造二階建てで、外壁の腰壁部には、熊本上林高等女学校講堂と同じフレーム状のデザインがある。社会の要請に応えて、講演会や裁縫教室等も開かれ、地域生活の向上に活用された。南田平村役場が昭和十八年に作成した郷土写真集『出身皇軍将兵慰問』には、社会館の前で撮影した集合写真が多い。この地域の出身者には思い出深い建物だった。

　立神国民学校（表64）は、長崎港西岸南に位置し、三菱造船所立神ドッグの山手に所在した。学校の歴史は明治三十九年に遡り、昭和十六年に国民学校に改称した。建物は高低差のある敷地に、上段と下段に分かれて建っていた。原爆で窓や屋根が破損するものの、昭和三十五年まで建物は存続した。

　得雄寺本堂（表67－1）は、上五島青方の中心部に所在する。堂内にある得雄寺本堂再建立工事特別懇志者御芳名に、昭和二十四年竣工、昭和二十五年落慶法要、彫刻師武田徳次、山棟梁永田清太郎、木挽棟梁太田伊八・前田耕平、副棟梁前田喜八郎、大工棟梁鉄川利助・他委員十四名・太田竹次郎、副委員長道津正義、建設委員長太田権次右エ門・永田庄作・法村太郎、加談法村七次、設計鉄川與助・道津強・法村栄三郎・前田勘次郎・道津喜左エ門、発起人吉村三代吉と関係者の名前が書きあげられている。これによると、建物の完成は昭和二十四年で、与助は設計で参画している。

　新上五島町鯨賓館ミュージアムに弟子の道具として所蔵されている前田喜八郎氏は副棟梁である。屋根裏を見ると、小屋組みに製材された長い松が何本も使われている（図6－⑲）。以前は、青方にも黒松が多く植わっていたという。屋根裏の一番高い棟木には、板絵図と祈祷札が打付けられている（図6－⑳）。板絵図には得雄寺平面図とあり、梁間三六尺、桁行五五・八尺、正面と側面に縁側を巡らし、柱筋ごとに平仮名と漢数字の番付を振る。

　但し、描かれているのは外陣部分で、室内を区切る丸柱の位置が実際と異なるので、計画図かもしれない。室内は木地仕上げで、赤味を帯びた柱や虹梁の色艶と彫刻の鑿の鮮やかさが際立つ（図6－㉑）。鐘楼に下がる鐘の鋳造は昭和二十九年三月である。

慈恵院（表68）は、福江島北東の奥浦地区の、堂崎天主堂を望む高台に立地した。明治十三年にマルマン神父が大泊に空家を借りて始めた子部屋を創始とし、堂崎天主堂隣の敷地を経て、ペルー神父によって明治三十七年に奥浦に移った。明治四十二年から奥浦村慈恵院と改称した。昭和十一年には診療所も開設し、医師は慈恵院内から東京女子医学専門学校等に進学させた。昭和二十三年、児童福祉法の施行によって慈恵院は養護施設と認められ、公的資金の支給を受けられるようになった。昭和二十四年完成の奥浦慈恵院は、その頃に建設された。木造二階建てで、いずれの窓も引違いのガラス窓で、室内の明るい様子が窺える。二階の一部にはサンルームも設けられている。慈恵院といえば、熊本で平成十九年から「こうのとりのゆりかご」として知られる慈恵病院がある。熊本の布教に足跡を残したコール神父が明治三十一年、熊本市花園でフランシスコ修道女と開設した慈恵診療所

【6－⑲】得雄寺本堂小屋組

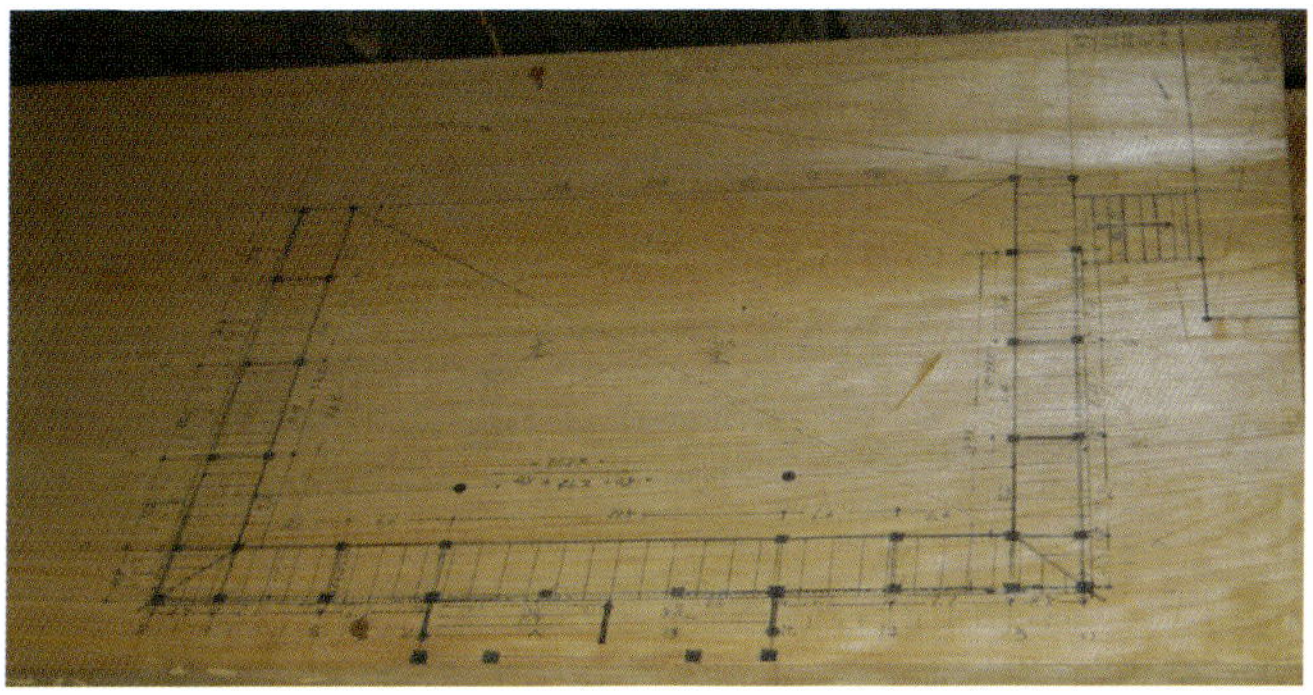

【6－⑳】得雄寺本堂板絵図

【6－㉑】得雄寺本堂内観

を創始とする。奥浦慈恵院と端緒は同じくする。

愛野公教会堂（表⑲）は、島原半島の付け根に位置する。昭和二十六年十二月、スカボロ外国宣教会のカミンズ神父が設立した。『愛野町郷土誌』によると、昭和七年、五島の大瀬崎無線局が諫早（受信局）と愛野（送信局）への移転にともない、カトリックキリスト教徒四家族が五島から愛野に移転したことに始まるという。木造平屋建で、以前は尖塔の下が入口だったが、現在は元祭壇側を増築して玄関とする。

鉄川与助の知恵と工夫

時代と社会が建築を開花

鉄川与助の手掛けた建物総覧を見ると、建築は時代と社会の求めによって誕生し、建築技術者はそれに応える存在であることに改めて気づかされる。昭和六年完成のＲＣ造校舎の魚目小学校や昭和八年建設の魚目診療所は、長崎県下でも早い時期に魚目村に造られた。地域に技術者がいれば、先んじて建築を花開かせることができた。

与助と神父の協働

純心女子学園の項で、丹羽漢吉の名が挙がった。丹羽漢吉は、長崎市建築部長や長崎県技師として活躍する一方、歴史的建造物の保護に携わった。長崎の都市と建築を紹介する著書を多く残し、建築文化の醸成に大きく貢献した。一九六六年十月に、長崎県建築士会顧問を務める丹羽が企画し、山口愛次郎長崎大司教と鉄川与助を対談者に招いた座談会の記録が残る（『建築士、ながさき'67』長崎県建築士会、一九六八）。座談会のタイトルは「キリスト教関係を中心とした長崎における明治の洋風建築」である。

丹羽は前言で「西洋建築が日本に導入された経路を分類すれば、いくつかに分けることができるが、キリスト教の宣教師による影響は、長崎の場合相当大きな意味がある。即ちそれらの神父が設計し監督し、或いは指導した教会関係の建築で、その工事に従事した日本の大工棟梁が、自分の体験を通じて西洋建築の技術を体得し、これを広めていったというケースが、非常に多い。キリスト教の宣教師は、土木、建築、機械等の工学を初め、医学その他、広い知識を得た者が、海外に派遣されて来ている。明治中期から大正にかけて、これら多数の西洋人神父に接し、多数の教会建築等を手がけられた、鉄川与助氏と、長崎出身の大司教山口愛次郎氏との対談を通じて、当時の建築のこと等を、いろいろ伺うのが、この催しの目的である」と宣言する。座談会は、宣教師、ド・ロ神父、レンガ、漆喰、設計、構造、浦上天主堂、それぞれの項について話が進んでいく。与助が八十七歳の座談会で、貴重な記録である。

漆喰の項で、丹羽が神父さんから教わったことで、どんなことが一番参考になりましたかと聞くと、鉄川は「石灰の使い方しょうナ。これは日本在来の方法を大きく変えたと思います。（中略）在来の工法は、レンガの上に先づアマカワを塗り、その上に中塗と上塗をしたものでこれでは喰い付きが充分ではありません。司祭館の工事では、レンガの上に先ず砂摺りをします。これは石灰と砂だけで、赤土は入れません。（中略）こうすると非常に付きが良いのです。当時の日本の左官は、『そんなことで付くもんか』と始めは問題にしなかったが、神父さんが『在来の方法はまずい。これでやれ』ということで、やってみると工合がよかった」と答えている。

司教館の工事とは、大正四年に大浦天主堂境内に完成した旧長崎大司教館である。外観はレンガを見せているので、漆喰塗りは室内についてである。漆喰は薄塗りで、現在も割れのない良好な状態が保たれている。与助によると、これは下塗に石灰と砂だけの砂摺りを使っているためだという。在来の土壁に習えば、下塗りは土に藁スサを加えて充分に練り、下地の竹小舞や木摺の隙間に入り込ませて塗って一体化させる。しかし、下地がレンガの場合は、レンガそのものが水を吸収しにくい材料だから、上に塗る材料に土が多く水分が多いのは逆効果となる。

　レンガを積む漆喰モルタルにも神父の助言を受け、与助は「石灰と砂に赤土少々」を使ったと答える。石灰は生石灰の新しいものを使い、赤土はそのまま混ぜるのではなく、土を水に溶かした濁液で石灰と砂を混ぜたという。「その頃は、心ある大工や左官は西洋建築の勉強のため、どこからでも見に来よりましたが、この塗り方や調合だけでも、来た甲斐があったといって、帰ってからすぐに広めておった」と、与助は自らの現場の影響力を語る。それほど、あちこちの西洋館の現場で不具合が発生していたと想像される。司教館の完成後、与助は大曾教会堂、田平天主堂、頭ヶ島天主堂を手掛ける。いずれの教会堂も、室内は薄塗りの白漆喰で仕上げられている。同じ工法であろう。

　設計の項では、浦上の神学校について、丹羽が「構造は鉄筋コンクリートのラーメンに、レンガのカーテンウォールですね」と尋ねるのに対し、与助はそうですと答える。与助は神学校の図面は全部自分が引き、見積りの終わった日が関東大震災発生日だったこと、コンパス司教に鉄筋コンクリート造で大きな建築は信用できないので専門家に見てもらうと言われ、上海のフランス人技師に図面を見せたこと、手直しを受けたが自分の設計と変らなかったこと、早くから建築学会に入会し講習会は欠かさず出席し勉強したことなどの事情を語る。

　長崎神学校の完成は大正十四年（昭和元年）で、関東大震災の二年後だが、震災以前から、鉄筋コンクリート造の採用が検討されていた。神学校の古写真を見ると、与助の採用した鉄筋コンクリート造の柱梁が縦横の白帯となって外観に表れている。鉄筋コンクリート部を木造に置き換えれば、旧羅典神学校（明治八年・一八七五、ド・ロ神父）と旧長崎大司教館が木骨レンガ造で、同様の意匠が見られる。さらには、明治五年（一八七二）開業の旧富岡製糸場（群馬県富岡市）の置繭所や繰糸所もそうで、ブリュナ館や女工館にいたっては木骨レンガ造に菱格子天井のベランダを付け、旧大司教館のベランダ内観にそっくりである。

　この話題は構造の項でも続き、与助は、大正末期に鉄筋コンクリートのラーメンにレンガのカーテンウォールは流行で、上海もほとんどそれだったこと、ド・ロ神父とよく見に行った大正初期の長崎県庁舎は鉄骨コンクリートだったと述べている。山口司教も、ポーランド人のゼノ神父が長崎の本河内に建てた聖母の騎士の神学校が、本体が木造で壁は石で、国が違えども考えることは同じだと思ったことに触れている。三氏とも、この工法が日本の伝来工法にはないと認識し、丹羽は地震のときに課題が多いとしつつも、建築に対する西洋人の感情としては自然と出てくる考案でしょうねと指摘する。

　座談会で見えてくることは、フランス人宣教師と与助のやりとりである。宣教師はすでに建築の知識と技術を身に着けており、長崎の在来工法を観察し、不足な点は改善させた。与助はその助言を取り入れ、自らの現場に反映させた。いずれの現場も協働作業である。与助は、そのやりとりがスムーズで、研究熱心だったことが、これだけ多くの教会堂と関連施設を手掛けることにつながった。ド・ロ神父の項で、神父は脱腸の持病があったが、自分でも材木をかついだりして、腸の工合が悪くなると『一寸待て』（笑声）仲々利かぬ気でした、と与助は回想する。その協働は、堅苦しいものではなく、互いに高めあうような、そんな信頼とユーモアが窺える。座談会記録は、活き活きとした往時の情景も伝える。与助は、現場ごとに新たな知恵と工夫を加え、それは神父らの求めが引き出した。

長崎の教会堂の価値と魅力

長崎に赴任したパリ外国宣教会の神父たちは、長崎や九州のみならず、神戸や東京の各地に赴いた。私も、鉄川与助の大工道具を皮切りに、教会堂建設の道具や技術をもたらした神父たちの、各地での足跡を辿りつつある。そのなかで改めて確認したのが、長崎には歴史を留めた教会堂がよく残っていることである。

初代カトリック東京大司教区教区長を務めたオズーフ神父は、一八七七年に来日し、神田教会、築地教会、カテドラル関口教会などに着任する。しかし、いずれの教会堂も関東大震災や東京大空襲で焼失し、建物そのものは昭和に入ってから建替えられている。そのため、現在の建物にオズーフ神父がもたらした技術は残されていない。

長崎の教会堂は、幕末から昭和初期に至る建物が県内各地に点在する。長崎中心部は原爆によって被害を受けたものの、五島や平戸、長崎郊外の教会堂は立地も幸いして、周辺環境とともに良好に現存している。それらは、各時代の様式の移り変わりや、技術構法の変遷を見せてくれる。鉄川与助に関する調査が進み、大工や職人たちがどのように教会堂を建てたのかが明らかになるにつれ、その息遣いが感じられるのも魅力である。また、長崎外海のド・ロ神父記念館に所蔵されている各種道具のように、フランス人神父たちがもたらした道具や資料が多く残るのも貴重である。授産事業は出津修道院が知られるが、お告げのマリア修道会が出版している県内各所の修道院の記念誌を見ると、出津修道院と同様に、最新の道具を取り入れて、養蚕や機織に励んだ。

鉄川与助の時代は遠いか

一方で、鉄川与助の大工道具の復原を通じて感じたのは、これら手仕事の道具の時代ははるか遠くになってしまったことである。今回復原をお願いできたのは、手仕事の技術をもつぎりぎり最後の世代であった。いま、八十歳前後の世代にあたる。時代の流れで機械化が進むのは当然だが、それだけでなく、機械でできないものは引き受け手を探すのさえ難しい現状を痛感した。

機械で置きかえればよいではないかという意見はもっともだが、新しく挑戦すること、知恵を働かせることを怠ることに向いてはいないかと懸念する。

たとえば、建築図面を描くのに、もう二十年前からコンピューターを用いたCADで作図をする。均一な線が描けるし、何回もコピーすることができる。便利だが、曲線を描くときに、以前のような手による自由曲線は描きにくくなった。あくまでコンピューターで設定できる円弧の形に限られてしまう。自由曲線を描こうとすると、ぎこちない線になるし、数字で設定しようとすると手順がぐんと増える。すると、新しい曲線を描くことはやめて、コンピューターの制限に合わせた表現になる。便利なようで、実は不自由である。コンピューターの存在が大きくなるにつれ、同様の場面は増えるだろう。

知恵と工夫を凝らさなければ、多くがコンピュータに置き換わり、自らの活躍の場を狭めることになる。知恵と工夫を働かせることを怠っていないか。鉄川与助の大工道具はそんなことを語りかけてくれる。

江上天主堂の聖家族図

二〇一七年十二月、五島列島でも、福江島を経由して向かう奈留島の江上天主堂で、聖家族をテーマにした絵画を拝見した。教会守によると、教会堂に伝わる絵画を、月替わりで飾っているのだという。

聖家族は、マリア、ヨゼフ、イエスの三人が登場する。この絵では、ヨゼフが作業台の上で枠鋸《わくのこ》を挽《ひ》いて角材を切り、少年のイエスは突鑿《つきのみ》でヨゼフが切った角材に枘穴を開けている。マリアは糸紡ぎをしながら二人を見守っている（図6－㉒）。

ヨゼフが大工だとは知っていたが、これほどはっきりと大工仕事の様子が描かれた聖家族図は珍しい。しかも、その道具は、トロワの道具博物館で見たフランスの道具である。フランスで描かれたものであろう。

木造の愛らしい教会で、この絵が見られたのは、たいへん嬉しかった。鉄川与助が手掛けた教会堂をめぐって魅了されるのは、意匠や構造の秀逸性と多様性である。その建設は、多くの手仕事が支えた。手仕事で造られた教会堂に、この絵のイメージはぴったり一致する。

鉄川与助の時代の手仕事を、現代に維持するのは困難を伴う。しかし、長崎の教会堂は、大工の仕事や道具を通してみることによって魅力が増す。そのことを、この絵は示しているようである。

（了）

【6－㉒】聖家族図（江上天主堂所蔵）

おわりに

鉄川与助の大工道具の調査研究は、二〇〇九年に始まった。多くの人の協力を得て、二〇一二年には大工道具の復原が実り、展覧会も開催することができた。大工道具の展示は華やかではないので、開催初年の反応は穏やかだったが、その後じわじわと興味を得た。二〇一六年十二月から翌年一月まで長崎県新上五島町の鯨賓館《げいひんかん》ミュージアムで再展示した際は、ミュージアム開館以来の入場者数があったという。世界遺産登録をめざした活動の一環としての再展示で、機運の高まりを感じた。

二〇一八年六月、「長崎と天草地方の潜伏キリシタン関連遺産」が世界遺産の登録を受けた。当初の「長崎の教会群とキリスト教関連遺産」をめざした調査に参画したひとりとしてはとまどいもある。しかし、二〇〇一年から長崎の教会群を世界遺産にする会会長として活動してきた林一馬氏が二〇〇七年ごろに、世界遺産をめざすには運動だけでなく、研究も大切と力説された。私も鉄川与助の大工道具を通じて研究を進められたことは実りが多かった。

本書で紹介する、お力添えを得た方々の肩書はすべて当時のものである。お世話になった翌春に所属を移られた方が多く、大工道具の調査も復原も、機会をとらえることができて幸運だった。改めて、お力添えに深く感謝いたします。調査に参加してくれた私のゼミの学生たちにも御礼を申し上げます。

一方で、本書をまとめるのに時間がかかったことを反省する。長崎文献社からお話をいただいたのは二〇一三年だった。この翌年に二人目を出産し、共働き、育児、職場の変革、恩師の急逝などが重なり、困難な状況が想像以上に長く続いた。

状況が変わったなかで新たに試みたいことも見え、第六章の総覧は、今回ぜひまとめたかった章である。長崎、福岡、熊本の県立図書館所蔵資料にあたり、教区史、行政史、教会記念誌、学校記念誌、古写真集などから裏付けた。宮崎天主堂の記述は宮崎市史に数行の記述しかないが、北九州の教会堂については北九州市史に数頁にわたって記述があり、地域によって教会堂の興味に濃淡があることも発見だった。

地道な作業を重ねるなかで、すでに著名な対象は研究がさらに積み上げられているが、そうでない対象は手つかずのままなことも認識した。広い視野で今後も研究を重ねることを意識したい。

長崎文献社に深く感謝いたします。本研究はJSPS科研費JP21760510、JP23760616の助成を受けたものです。

付録　鉄川与助関連年表（建物名称は現在の名称）

西暦 和暦	鉄川与助事績	与助が手掛けた教会堂・司祭館	与助が手掛けた寺院・神社	与助が手掛けた学校・病院・役所他	与助関連以外の主な教会堂・キリスト教関連建築物・事件等
一八六四 元治元					大浦天主堂（ヒュレ神父、ジラール神父、プティジャン神父、小山秀之進、長崎市）
一八七三 明治六					キリシタン禁制高札を明治政府撤去
一八七五 明治八					大浦天主堂増改築（長崎市） 羅典神学校（長崎市）
一八七九 明治十二	新上五島の丸尾郷魚目村に大工棟梁鉄川與四郎の長男として誕生				大浦天主堂増改築（長崎市）
一八八〇 明治十三					旧大明寺教会堂（元伊王島、現明治村）
一八八一 明治十四					旧五輪教会堂（五島市久賀島） 旧馬渡島教会堂（唐津市）
一八八二 明治十五					江袋教会堂（新上五島町） 出津教会堂（ド・ロ神父、長崎市）
一八八五 明治十八					旧紐差教会堂（平戸市）
一八九三 明治二十六					大野教会堂（ド・ロ神父、長崎市）
一八九四 明治二十七	榎津尋常小学校卒業				
一八九六 明治二十九					中町教会堂（パピノー神父、長崎市）
一八九七 明治三十					神ノ島教会堂（デュラン神父、長崎市）
一八九八 明治三十一					清心修道院（センネツ神父、長崎市） 宝亀教会堂（平戸市）
一九〇二 明治三十五		旧曾根教会堂（ペルー神父のもとで、新上五島町）			黒島天主堂（マルマン神父、佐世保市）
一九〇三 明治三十六					旧鯛ノ浦教会堂（ペルー神父、新上五島町）
一九〇六 明治三十九	家督相続、鉄川組設立（〜一九四四） 渡邊トサと結婚	佐賀公教会（佐賀市）			

一九〇七 明治四十		冷水天主堂（新上五島町）			
一九〇八 明治四十一	日本建築学会入会・准会員	旧野首天主堂（小値賀町） 堂崎天主堂（ペルー神父、五島市）			
一九〇九 明治四十二	丸尾自宅新築（新上五島町）				
一九一〇 明治四十三		奈摩内天主堂・奈摩内司祭館（新上五島町）			
一九一一 明治四十四				魚目村立水産学校（新上五島町） 若松小学校（新上五島町）	
一九一二 明治四十五／大正元	長崎県南松浦郡魚目村漁業組合理事（〜一九二三）	山田天主堂（平戸市） 楠原天主堂（五島市）			
一九一三 大正二	鉄川事務所、長崎移転 魚目村村会議員（〜一九二三）	今村天主堂（福岡県三井郡大刀洗町）			福見教会堂（新上五島町）
一九一四 大正三		十六番館本館増改築（長崎市） 宮崎天主堂（宮崎市）			
一九一五 大正四		旧長崎大司教館（長崎市）			旧浦上天主堂（フレノ神父、ラゲ神父、長崎市）
一九一六 大正五		大曾天主堂（新上五島町） 大水天主堂（新上五島町）			
一九一七 大正六		五島原修道院（田平修道院、平戸市） 鯛ノ浦養育院養蚕所（新上五島町）			
一九一八 大正七		田平天主堂・同司祭館（平戸市） 江上天主堂（五島市奈留島） 獅子修道院（平戸市）			
一九一九 大正八	丸尾自宅新築（新上五島町）	頭ヶ島天主堂・同司祭館（新上五島町）浦上司祭館（長崎市）			
一九二〇 大正九					黒崎教会堂（川原忠蔵、長崎市）
一九二一 大正十		細石流天主堂（五島市） 平蔵天主堂（五島市）			
一九二二 大正十一				人吉幼稚園増築（熊本県人吉市）	半泊教会堂（五島市）
一九二三 大正十二		人吉公教会増築（熊本県人吉市）			関東大震災
一九二四 大正十三			浄福寺（新上五島町） 元海寺山門（新上五島町）		

一九二五 大正十四		浦上天主堂前面塔（長崎市） 常清幼稚園・修道院（長崎市）		長崎神学校・同雨天運動場（長崎市）	中ノ浦教会堂（新上五島町）
一九二七 昭和二		八幡天主堂（北九州市）		八代成美女学校（熊本県八代市）	
一九二八 昭和三		熊本天主堂・同附属教会（熊本市）		熊本上林高等女学校（熊本市）	太田尾教会堂（末広建築設計事務所、西海市）
一九二九 昭和四		紐差教会堂（平戸市） 大牟田公教会（福岡県大牟田市） 呼子天主堂（旧馬渡島教会堂移築、唐津市）			旧神崎教会堂（佐世保市） 馬渡島教会堂（旧紐差教会堂移築、唐津市）
一九三〇 昭和五		八幡司祭館（北九州市）		佐世保天主堂附属幼稚園（佐世保市）	平戸教会堂（末広建築設計事務所、平戸市）
一九三一 昭和六		水俣天主堂（熊本県水俣市）	祖父君神社社殿（新上五島町）	魚目小学校・同講堂（新上五島町）	浜脇教会堂（末広建築設計事務所、五島市） 三浦町教会堂（佐世保市） 馬込教会堂（長崎市伊王島）
一九三二 昭和七		大名町伝習場（福岡市）	祖父君神社鳥居（新上五島町）	八幡幼稚園（北九州市）	
一九三三 昭和八	椛島町自宅新築（長崎市）	新田原天主堂・同司祭館（福岡県行橋市） 大江天主堂（熊本県天草市） 戸畑公教会（北九州市）			
一九三四 昭和九		小倉司祭館（北九州市）		久留米修道院及び病院（福岡県久留米市）	
一九三五 昭和十		崎津天主堂・同司祭館（熊本県天草市） 小倉天主堂（北九州市）		崎津小学校奉安殿（熊本県天草市） 南田平小学校奉安殿、平戸口社会館（平戸市）	
一九三六 昭和十一				奈留島村役場・同公会堂・漁協削節工場（五島市）	
一九三七 昭和十二	長崎土建組合役員（～一九四一）			魚目診療所（新上五島町） 純心女子学園本館・同幼稚園（長崎市）	
一九三八 昭和十三		水ノ浦天主堂（五島市）			
一九三九 昭和十四				江上小学校・同奉安殿（五島市） 長崎市揚水ポンプ工場、西坂聖地整地、渡辺整骨院（長崎市）	

一九四一 昭和十六	長崎土建建築工業組合役員（〜一九四七）			海星中学校五〇周年記念館（長崎市） 岩瀬浦製氷工場・同水槽（新上五島町） 純心学園奉安殿・職員住宅・弓道場（長崎市）	
一九四二 昭和十七				奈留島漁業組合立厚生病院（五島市） 立神国民学校（長崎市）	
一九四三 昭和十八				海星中学校共同宿舎（長崎市）	
一九四四 昭和十九	鉄川組を第一土建株式会社に統合、専務取締役（〜一九四五）				
一九四五 昭和二十	第一土建株式会社取締役（〜一九四九）				長崎に原爆投下
一九四六 昭和二十一				荒木邸（新上五島町）	
一九四九 昭和二十四	鉄川工務店設立（〜一九五八）	鯛ノ浦天主堂鐘塔増築（新上五島町） 慈恵院（五島市）			
一九四九 昭和二十五			得雄寺本堂（新上五島町）		
一九五一 昭和二十六		愛野公教会（雲仙市）			中町教会堂改築（長崎市）
一九五四 昭和二十九			得雄寺鐘楼（新上五島町）		
一九五八 昭和三十三	株式会社鉄川工務店（長崎市松山町）に変更、取締役会長				
一九五九 昭和三十四	建設大臣表彰 黄綬褒章受賞				
一九六六 昭和四十一	日本建築学会終身会員				
一九六七 昭和四十二	勲五等瑞宝章受賞				
一九七六 昭和五十一	七月五日逝去、九十七歳				

参考文献

『長崎県のカトリック教会』長崎県教育委員会、昭和52年
三沢博昭・川上秀人『大いなる遺産　長崎の教会』智書房、初版２０００、改訂版２００７
林一馬『長崎の教会堂／聖なる文化遺産への誘い』九州労金長崎県本部、２００２
『「長崎の教会群とキリスト教関連遺産」構成資産候補建造物調査報告書』長崎県世界遺産登録推進室、２０１１
『「長崎の教会群とキリスト教関連遺産」構成資産候補建造物調査報告書／資料編』長崎県世界遺産登録推進室、２０１１
板倉元幸『昭和末期の長崎天主堂巡礼』、ＡＲＴ　ＢＯＸインターナショナル、２０１４
木方十根・山田由香里『長崎の教会堂―風景のなかの建築』河出書房新社、２０１６
喜田信代『天主堂建築のパイオニア・鉄川與助―長崎の異才なる大工棟梁の偉業』日貿出版社、２０１７

【第一章】
村松貞次郎『大工道具の歴史』岩波書店、新書G65、１９７３
『日蘭交流４００年記念巡回展　海を渡った大工道具展―オランダ・ライデン国立民族学博物館コレクション』海を渡った大工道具展実行委員会、２０００
『オランダへわたった大工道具』国立歴史民俗博物館、２０００
『近代をつくった大工棟梁　高松の大工久保田家とその仕事』神奈川大学建築史研究室、２００８
『新上五島町北魚目の文化的景観保存計画』長崎県新上五島町、平成23年
『新上五島町崎浦の五島石集落景観保存計画』長崎県新上五島町、平成24年

【第二章】
渡邉晶『日本建築技術史の研究』中央公論美術出版、平成16年

【第三章】
Manufrance : L'album d'un siècle 1885-1985. Nadine Besse, Fage Editions, 2010
Catalogue de la Manufacture française d'armes de Saint-Etienne de 1894. Manufrance. 2009
Manufacture française d'armes et cycles : Collection 1910. Manufrance. 2010
Musée d'Art et d'Industrie de Saint-Etienne, Bruno Chabannes, Hors-série de L'Oeil. 2001
『ル・コルビュジェの教科書。生誕１２０年』カーサブルータス№.89、２００７年８月号

【第四章】
『三木金物大学２００７テキスト』三木工業共同組合・兵庫県立工業技術センター機械金属工業技術支援センター・三木市、２００７
『金物工業の経済構造』兵庫県産業研究所、昭和27年
福原敏男・西岡陽子・渡部典子『一式造り物の民俗行事―創る・飾る・見せる』岩田書院、２０１６

【第五章】
山田由香里『教会をつくった大工道具　鉄川与助の知恵と工夫』（展覧会パンフレット）、２０１２
片岡弥吉『ある明治の福祉像　ド・ロ神父の生涯』ＮＨＫブックス２７６、昭和52年

【第六章】

中村與資平『美術的建築』東京書院、大正６年
西澤泰彦『日本植民地建築論』名古屋大学出版会、２００８
『私たちの歩み、鉄川工務店経歴書』鉄川工務店、１９６７頃
『新魚目郷土誌』新魚目町、昭和61年
『佐賀カトリック教会史』佐賀カトリック教会、昭和59年
『若松小学校閉校記念誌』新上五島町立若松小学校閉校記念事業推進委員会、平成26年
『福岡県指定文化財今村教会堂建築的調査建築史的調査報告書』大刀洗町教育委員会、平成24年
カトリック福岡司教区HP　fukuoka.catholic.jp
『礎、お告げのマリア修道会史』お告げのマリア修道会、１９９７
『鯛之浦修道院、１００年の歩み』お告げのマリア修道会、昭和55年
『神の家族４００年、浦上小教区沿革史』浦上カトリック教会、１９８３
『カトリック人吉教会の１００年　１８９９〜１９９９年』カトリック人吉教会、２００１
『熊本県の近代化遺産』熊本県教育委員会、平成11年
『Inter nos 2601』公教中央書院、昭和16年
シャルトル聖パウロ修道女会HP　shirayuri.ac.jp
『宣教百年の歩み、手取カトリック教会宣教百周年記念誌』手取カトリック教会、１９８９年
『熊本信愛女学院、七十年のあゆみ』熊本信愛女学院、昭和47年
『大名町教会百年史、１８８７-１９８６』大名町カトリック教会、１９８６
『北九州市史　近代・現代（教育・文化）』北九州市史編さん委員会、昭和61年
『聖心幼稚園のあゆみ』純心女子学園・聖心幼稚園、２０１７
『行橋市政50周年記念　ふるさと写真集』行橋市、平成16年
『カトリック長崎大司教１００年のあゆみ、１８６５〜１９６５』カトリック長崎大司教区、１９６５
『長崎純心中学校・純心女子高等学校創立60周年記念写真集、１９３５〜１９９５』純心中学校・純心女子高等学校、１９９６
『海星１１０年のあゆみ、１８９２〜２００２』海星学園、２００２
『海星八十五年』海星学園、昭和53年
『途杖１００年』幼きイエズス修道会日本管区、１９７７
『郷土奈留』奈留町教育委員会、昭和48年
『目で見る長崎市の１００年』郷土出版社、２００７
『長崎水道百年史』長崎市水道局、１９９２
『純心女子学園創立80周年、目で見る文教町キャンパスの歩み』純心女子学園、２０１５
『奈良尾漁業発達史』奈良尾町、吉木武一、九州大学出版会、１９８３
『奥浦修道院、１００年の歩み』お告げのマリア修道会、１９８０
『愛野町郷土誌』愛野町、１９８３
『建築士、ながさき'67』長崎県建築士会、１９６８
国土地理院ウェブサイト　gsi.go.jp

著者略歴

山田　由香里（やまだ　ゆかり）

神奈川大学大学院工学研究科博士後期課程修了。

平戸市教育委員会（2001年～2006年）、各務原市教育委員会（2016年）を経て、2007年から長崎総合科学大学工学部建築学科准教授。

現在同大学工学部工学科建築学コース教授。博士（工学）。

2009年度第一回日本都市計画家協会楠本洋二賞最優秀賞受賞。

著書に、『平戸の町並み――オランダ商館復元と合わせた町の活性化をめざして』（共著、日本ナショナルトラスト、2003年）、『長崎の教会堂――風景のなかの建築』（共著、河出書房新社、2016年）など。

鉄川与助の大工道具
長崎の教会堂に刻まれた知恵と工夫

発　行　日	2018年10月10日　初版
編　著　者	山田　由香里（やまだ　ゆかり）
発　行　人	片山　仁志
編　集　人	堀　憲昭
発　行　所	株式会社　長崎文献社 〒850－0057　長崎市大黒町3－1 長崎交通産業ビル5階 TEL. 095－823－5247　FAX. 095－823－5252 ホームページ　http://www.e-bunken.com
印刷・製本	日本紙工印刷株式会社

ISBN 978-4-88851-300-5　C0052　¥2,400E